U0524345

定位高手

刘sir 著

台海出版社

图书在版编目（CIP）数据

定位高手 / 刘 sir 著 . -- 北京：台海出版社，2023.10
ISBN 978-7-5168-3640-8

Ⅰ.①定… Ⅱ.①刘… Ⅲ.①成功心理—通俗读物 Ⅳ.① B848.4-49

中国国家版本馆 CIP 数据核字 (2023) 第 166430 号

定位高手

著　　者：刘 sir	
出 版 人：蔡　旭	责任编辑：曹任云

出版发行：台海出版社
地　　址：北京市东城区景山东街 20 号　邮政编码：100009
电　　话：010-64041652（发行、邮购）
传　　真：010-84045799（总编室）
网　　址：www.taimeng.org.cn / thcbs / default.htm
E - mail：thcbs@126.com

经　　销：全国各地新华书店
印　　刷：三河市中晟雅豪印务有限公司
本书如有破损、缺页、装订错误，请与本社联系调换

开　　本：880 毫米 ×1230 毫米　1/32
字　　数：169 千字　　　　　　印　张：7.25
版　　次：2023 年 10 月第 1 版　印　次：2023 年 10 月第 1 次印刷
书　　号：ISBN 978-7-5168-3640-8

定　　价：68.00 元

版权所有　翻印必究

推荐人 & 推荐语

和刘 sir 聊过许多次，印象最深的就是他的定位方法，总能一语中的、一针见血，让我有强烈的共鸣。后来共创《简单做事》，我们在很多问题上也一拍即合。相信读者也会在《定位高手》里学到刘 sir 的精髓，把自己的价值最大化，酣畅淋漓地发挥出自己的优势。

郭俊杰，帆书（原樊登读书）联合创始人

刘 sir 是我的老朋友了，我们共创了以写书、出书为主题的私董会"书香学舍"。刘 sir 的这本《定位高手》是引爆个人品牌的必读之作。他通过对 20 年实践经验的总结，提供了一套实用的方法论，从如何打造个人品牌到如何成为超级 IP，书中都有详细的技巧和策略。通过学习本书，你将拥有全面的定位知识，找到属于自己的独特之处，成为一个发光体，赢得更多关注和机会。

私域肖厂长，知名私域操盘手，星辰教育创始人兼 CEO，恒星私域工厂厂长，《私域资产》和《超级个体》《AI 超级个体》等图书作者

刘 sir 是我的老乡，湖南人。他从资深出版人转型为线上新媒体平台的发起人，采用内容共创模式，独辟蹊径打造了"书香学舍"（一个超级个体的出书私董会），一站式加入写书、出书、推书的核心圈层，让新人作者出畅销书成为可能。

他自己更是身体力行，结合多年帮 IP 打造爆款畅销书的经历，倾心创作《定位高手》，总结了人生需要做减法，把自己做到极致的理论和方法，对于新个体时代的 IP 打造，有着极其重要的参考价值，真正地体现了他的使命：影响有影响力的人，成就想要成就他人的人。

吴卫华，吴聊传播创始人，视频号营销系统落地专家，福布斯环球联盟创新企业家

单单是悟透这本书的书名，就获益匪浅了！在如今这个社会，每个人都渴望成功，什么都想去尝试，觉得自己什么都能做，但是最后能成功的人却不多，最关键的原因就是：定位不清。定位清楚了，目标明确了，做事情就更容易成功了，这确实是一个简洁有效的理论，愿推荐给身处迷茫中的朋友。

赵焱，畅销书《亲子沟通的方法》作者

刘 sir 很敏锐，这种敏锐体现在他很早就找到了自己擅长、喜欢并愿意为之坚持的事，也很快找准了自己的定位。之后，他开始帮助其他人寻找自己的定位。刘 sir 善于观察，善于总结，善于对比，也善于倾听，他愿意分享自己的观点，同时也愿意学习别人的长处。从事出版、IP 打造 20 年，他一直坚持自我迭代。希望你能从《定位高手》中找准自己在这个时代的定位，成为一名定位高手。

冯殊，中央电视台《新闻联播天气预报》主持人，畅销书作家

认识刘 sir 很多年，从最初的合作到后来见证彼此的每个重要阶段，我们亦师亦友。这本《定位高手》是他作为资深 IP 内容操盘手多年经验与深度思考的精华。我从一名知识博主到成为小红书培训赛道的超级 IP，就是践行了书中所说的"做减法"，在"少"里面看到更多，把一件事做到极致。如果你也想做一个长期的、有生命力的 IP，一定要读读这本书。

厦九九，小红书头部教育博主，
IP 商业顾问，当选第九届"当当影响力作家"

刘 sir 和我是老乡，一眼看过去有湖南人那股骨子里渗透出来的厉害劲，熟悉了之后就三个字"够哥们"，别看他一张嘴讲的都是专业，心底里可是住着个可爱的灵魂。

第一次见到他，就买了一个小课，他说课里有 100 张思维导图，结果看完我才发现根本不会用。之前我想写书，找到刘 sir 做定位，才真正知道我为什么学不会，原来，一个简单的定位理论刘 sir 都能玩得不一样，上到写作大家，下到普通的写书人，都能用《定位高手》中提到的定位理论，把个人 IP 打造出超级爆品，而秘诀就在于他脑袋里装着上万本书。20 年身在高处的经历让他有着敏锐的行业洞察力，所以成功的是刘 sir，不是别人。

简大牛，viavia 联合创始人，
女性文化 IP 商业布局、定位设计师

刘 sir 这样的作者非常罕见，他既是内容创作高手，又是商业高手，还是个人成长策略的深度研究者、践行者。这本《定位高手》饱含智慧，可操作性极强，是一本特别值得阅读的个人成长及创富指南。

剽悍一只猫，个人品牌顾问，
《一年顶十年》作者

很多人认为赚钱很难，做 IP 更难，这是因为他们经常走入误区。如果无法学会定位，那我们在误区里面的时间就会更长，浪费的时间和金钱成本也会更高。刘 sir 的这本《定位高手》，就是我们在这个阶段最重要的指南。

笛子，《TikTok 爆款攻略》作者

和刘 sir 认识多年，他做事专注，待人诚恳热情，对待每一位撰稿人都能够直指核心，能迅速找出对方的优势并且将其增大。非常开心他可以把自己几十年的 IP 爆款打造经验整理成《定位高手》，相信每一位还在路上前行的朋友在读过这本书之后都能找准自己的人生定位。

卢菲菲，菲常记忆创始人，世界记忆大师

靠谱的刘杰辉送给这个世界所有有志于打造自己 IP 的人的靠谱方法。

侯小强，《靠谱》作者

作为一个在读书圈浸泡 8 年，吃亏比吃饭还多的人，我太清楚定位不清晰、不准确、不坚定的日子有多难熬了。感谢遇见，这个初看不想沟通、相识半年后才跟人细聊的男人，说的每句话都直逼心灵，句句戳痛点，页页给方法，章章有答案。希望每个打造 IP 的人，都能好好读一读这本《定位高手》，书中的很多方法在企业品牌运营上也很奏效。

筝小钱，资深互联网运营人，
读书商业产品设计专家，《如何有效阅读一本书》作者

定位定天下，我在刘 sir 这儿体验到了！在我出版自己的图书的时候，找定位专家，见定位编辑，看定位书籍，但总是差那么一点儿感觉。最后

当我找到刘sir聊定位的时候，他迅速捕捉到了我内心最想要的那个"点"，并且准确讲出了我好像一直知道但又没有呈现出来的标签定位以及核心内容，令我拍案叫绝！强烈推荐《定位高手》，找到自己的定位，成为一名定位高手，读这本就够了！

粉逍遥，viavia 女性共读创始人

我认识杰辉快 20 年了，他一直在折腾，实际上企业家精神的本质就是折腾。其实，所谓的定位就是当你试过能试的事情之后，知道自己真正的可能性在哪儿，自己的比较优势在哪儿，找到了这些，你的人生才会真正"开挂"。这本《定位高手》是杰辉边折腾边思考的"传习录"，对绝大多数想要实现自我的人来说，都很有参考价值。

卢俊，资深出版人

第一次见刘sir的时候，我还是个胆怯的、平凡的小姑娘。我跟刘sir说，我喜欢文学，喜欢教书，除此一无是处。可是刘sir跟我说，"甜甜，你身上有巨大的能量，你有灵气，有热情，有赤诚，这是我从未见到过的，这是你最为稀缺的地方，抓住它，保有它，放大它，你会成为全国新生代最好的语文老师"。这些话我想了半年，想明白后我从上市集团离职，全力去做一件事情，做我梦想中的语文课。

现在我成了知名的语文老师。我深深认可刘sir说的话，找到自己的定位，你是谁，你最喜欢什么，你的稀缺性是什么，然后，你会爆发出巨大的能量，后面的一切，都会随之而来。所以如果你觉得自己好像在暗夜行路，不妨读一读刘sir的《定位高手》，书中的内容可能会打开你的新思路，会给你一束光亮，会帮你看清楚自己。毕竟我们终其一生，最难的其实就是看懂自己。

甜甜老师讲文史，抖音大V，文史博主

对于今天的商业世界，我有两个判断：得 IP 者得网络天下；有个人品牌有未来。刘杰辉的《定位高手》，写的就是这两者的基础，实用而且能有大用。

陆新之，央媒评论员，
海南大学研究员，万人直播间 KOL

刘 sir 总能紧扣时代需求，并且在恰当的节点用简洁的方式将自己的观点分享出来。看到书名的那一刻我会心一笑，他果然了解当下人的痛点，没有定位就像大海上的无根之木，随时会被风浪推向未知的远方。而阅读《定位高手》，就像树木扎根的过程，我们先找到一个方向，再拼命生长，总有一天，你的人生之树会枝繁叶茂，硕果累累。

李尚龙，畅销书作家，"飞驰成长"创始人

孙子云：先胜而后求战。在商业战场上，定位定天下。好的战略可以让我们事半功倍。刘 sir 有着非常丰富的实践经验，《定位高手》就是他提炼出的实操指南，建议大家反复阅读，可少走十年弯路。

郑泽宇，"泽宇咨询"创始人，
抖音百万粉丝博主

做好定位，能少走很多冤枉路，少花很多冤枉钱，少浪费很多本来可以用来精进成高手的时间。《定位高手》的使命，就是让你在前进路上不再孤独前行，让你身边有一位实战派高人，手把手地带你找到定位，找到你人生中的更多可能性。

邻三月，社群商业实战专家，
《社群营销实战手册》作者

古人云：千里马常有，而伯乐不常有。我们换个角度想一想：千里马为什么不能做自己的伯乐，而非要寄望于他人的慧眼呢？根本原因还是当局者迷，难以发现或者找不准自身真正的优势，半生劳而无功或蹉跎岁月，徒感怀才不遇。作为朋友，我非常敬佩刘 sir 的慧眼识珠之力，他这本以自身经历与经验凝聚而成的佳作，就是教人学会当好自己的伯乐，进而把老天赐予每一个生灵的不同天赋发挥到极致。

刘威，《自主学习力》作者

大部分人不成事并不是因为事难成，而是因为没有搞明白，向内求自己是谁才是关键。向内求，首要做的就是弄明白我是谁。刘总是少有的"明白人"，他的《定位高手》禁得住时间的考验，值得一读。

韩馆长，抖音大 V，图书博主

刘 sir 是个有趣的存在。他一面可以随性生活，把自己完全融入人群中；一面又可以在面对决策和困局时惜字如金，快速准确定位，提供思路和方法，甚至一秒钟让你豁然开朗，找到方向。

景致，抖音亲子类大 V

"定位"是过去 20 年来提及率非常高的一个营销学名词。很多时候做营销，定位是最好且见效最快的增长方式，是顾客认可你的最佳理由。我认为与营销相关的企业和个人都应该学一学如何定位。而杰辉在这方面很有经验，他从事出版行业多年，策划了多部畅销书，如果你没有时间，不如从《定位高手》中借鉴经验。

刘晓琦（行动派琦琦），行动派创始人及 CEO，
互联网新锐女性创业者，矩阵自媒体人

一个好的定位，可以快速抢占用户心房，成为别人心中的第一名。如何才能找对定位？《定位高手》可以帮你少走很多弯路，让你一年顶十年。

璐璐，小红书头部博主，红人馆主理人

企业品牌式微。未来是属于个体 IP 的时代。我们需要有一本指导个人如何找到自己独特闪光点的《定位高手》，我们需要每个人自己的特劳特。

陈晶聊商业，抖音大 V，
前蓝象资本投资副总裁，星光私董会主理人

企业需要定位，而个人发展到一定阶段，同样需要为自己的价值进行定位，这样才能吸引潜在的合作对象跟机会，这是每个专业人士的必经之路。刘 sir 曾经为很多专业人士出过书，而书作为写作者的核心作品，是个人定位的最佳落地形式，所以他来讲这个话题再合适不过，相信这本《定位高手》能让读者对自己的定位有更清晰的认识。

孙圈圈，圈外同学创始人兼 CEO，
数十家 500 强企业管理咨询顾问，
畅销书《请停止无效努力》作者

我在经营个人 IP 的初期，由于技能、经验还不丰富，做的内容比较杂，刘 sir 给我提出了很宝贵的建议，帮助我做减法，强化了个人 IP 属性，最终使我获得了很不错的成绩。所以，无论你是想找到自己的优势，做个人 IP，还是想强化自己的价值，这本《定位高手》都会带给你很大的启发。

自发光的 J 小姐，自发光品牌创始人，
28 天变美训练营主理人，《科学变美的 100 个基本》
《气质：变美从来不靠长相》等图书作者

刘 sir 是行业资深的内容和 IP 操盘手，推出了《自控力：斯坦福大学广受欢迎的心理学课程》等大量经典图书，也与陈志武、李开复等众多大咖有着广泛的合作。更加难能可贵的是，刘 sir 还是一个连续创业者，历经波折，他不仅找到了鲜明的个人定位，最终还在事业上获得了成功。无论个人发展还是企业经营，准确找到定位都是最关键的课题，《定位高手》是刘 sir 多年操盘和创业的经验智慧结晶，值得我们好好研读学习。

雷文涛，有书创始人

针虽然细小，但穿透力极强，因为它聚焦于一点。如果你能找到适合自己的那一个点，将全副身心都聚焦在那个点上，哪有不成功的道理？如何才能找到适合自己的这个点？不妨看看刘 sir 的这本《定位高手》，刘 sir 从事出版业数十年，相信他的经验能够帮你找到自己的定位。

黄启团，资深心理学导师，壹心理创始人，
《只因目中无人》《圈层突破》《别人怎么对你，都是你教的》
《会赚钱的人想的不一样》等图书作者

历史上每一代人的机遇都和大时代的背景紧密相连，互联网就是目前普通人最好的机遇，希望每位读者读过《定位高手》之后都可以学会定位，都能放大个体势能，成为定位高手。

李德林，财经大 V，财经作家，央视财经评论员，
中国资本市场 20 周年最具影响力财经传媒人，
尺度 App 创始人，德林社创始人

就像出国留学的人要学习外语，在这个自媒体时代做个人 IP 离不开个人定位。如果你正在追求个人发展的路上，那么《定位高手》是一部你不能错过的著作。

作者独到的观点和深刻的视角将帮你穿越定位的迷雾，书中还揭示了不少人对定位的八个误区，它会帮助你厘清头绪，明确方向。

作者在书中还深入探讨了个人品牌和内容输出的重要性，并分享了知识经济时代抓住机会的方法。一个个人 IP，可以是一个商业闭环的最小单元，准确定位将会大大加快 IP 的成长。期待和刘 sir 一起见证更多朋友通过这本书成就自己的个人 IP。

张弛，《四川观察》内容合伙人，十方教育"梨花声音研修院"合伙人，《普通话水平测试专用教材》主编

刘 sir 是当之无愧的定位高手，每个 IP 都可以被他在沟通当中找到闪亮点。每次跟刘 sir 沟通，都是一次脑力和认知的提升。刘 sir 的敏锐和对个人特性的把握，可以迅速帮你找到方向。想学习定位和打造 IP，一定要看这本《定位高手》。

冯姐说房，抖音大 V，房产博主

刘 sir 这本书是为每一个发光体准备的。作为畅销书背后的出版策划人，刘 sir 把他 20 年的心得倾囊相授，帮助你更好地找准定位，给人生做减法，给价值做加法。

李海峰，DISC+ 社群联合创始人

当竞争越来越激烈的时候，精准的定位既是生存之道，也是取胜之道。刘 sir 的这本《定位高手》饱含他专注内容行业 20 年的智慧与经验，堪称内容行业定位经典。不管你是内容创作者还是创业者，都可以从书中窥探定位的核心。

SUKI 段芳，女性 IP 创业教练，《无畏成长》作者

认识刘 sir 是因为一起合作了一门爆款课程，刘 sir 及团队对内容的极致用心让我印象深刻。

非常认同刘 sir 的"一书一课"理念，如果你想打造自己的一本书和一门课，一定要读一读这本《定位高手》。

> 弘丹，弘丹写作创始人，当选第七届"当当影响力作家"，
> 《读书变现》《精进写作》等作者

成天下之事，无非找对方向，坚忍耐烦，劳怨不避。如何找对方向？刘 sir 的这本《定位高手》或许会让你明白很多。

> 都靓，读书博主，畅销书《好诗好在哪里》作者

定位理论从 20 世纪 70 年代风靡至今，很多人非常擅长品牌定位，但涉及个人定位，很少有人能说清楚。尽管"我"这个词在沟通词汇中，几乎是最高频的一个词，但当把"我"指向自己的时候，对大多数人来说，这个"我"充满冲突、易变和不确定性，进而演变成方向的模糊，事业的摇摆，商业上的跌宕起伏。

即使你对自己以及自己的事业没有清晰的认知，也可以循着书中的问题模型一步步找到你的精确定位。定位理论其实是一个系统的认知方法论，不仅仅着眼于当下的问题，更着眼于人生的线、面和整体。掌握了这套理论和方法，相信你在探索人生事业的道路上，会走得更快、更远。

> 润宇，微信视频号创造营讲师，
> 企业微信私域 WeTalk 讲师

刘 sir 在定位上有着很深的积累。我线下亲耳听过他讲定位体系，很是认同。如果你一直没有找到方向，读一读《定位高手》，你一定会有所启发。

> 陆林叶，《终身写作》作者

刘 sir 做出版 20 年，是非常资深又专业的内容操盘手。在无处不 IP 的时代，只有专业的定位才能尽可能放大 IP 的影响力，希望这本书的每位读者都能成为定位高手。

郑多燕，韩国畅销书作家，知名健身教练

个体崛起的时代，个人即品牌，个人即产品。做好品牌和产品的第一步就是定位。刘 sir 作为内容操盘手，在个人定位方面有着丰富的实践经验。

他将 20 年的个人定位心得写进了《定位高手》中，可以说是手把手地教读者如何做好定位，如何通过定位实现突围。运用书中的方法，把自己做到极致，随着时间的积累，相信你也一定能成为一个发光体。

剑飞，语写 R 创始人，《时间价值》作者

刘 sir 的厉害之处不仅在他的理性分析力，还在他的感知力。

只有做好了精准的定位，才能够把人生中有限的时间和精力聚焦在一个点上，把生命的力量最大限度地发挥出来，单点击穿。最快捷的学习方式就是向有实战经验的专家学习，刘 sir 就是定位的高手与专家，他把自己的经验整理成体系并分享出来，对定位有困惑的人一定能从中得到莫大的帮助。如果你不知道自己人生和事业应该如何定位，《定位高手》一定会帮到你。

张婷，《感性的力量》作者

俗话说：定位定江山，定位定乾坤。好的定位会让你在众多 IP 中脱颖而出，成为顶级 IP。

如果你不知道如何找到高价值定位，那么，《定位高手》值得你读上三遍。第一遍了解定位，第二遍找到定位，第三遍精准定位。

李菁，女性个人品牌商业顾问，畅销书作家，《见素》《当茉遇见莉》《你的人生终将闪耀》《向美而生》《守住》等图书作者

人们常说，定位定天下。刘 sir 这本《定位高手》告诉你具体如何定位。很多伙伴常常没弄清方向，跟着冲动和习惯就匆匆出发，犹如挖井，没有定位好就开始挖，而且这儿挖一锹，那儿挖一锹，最终哪儿都挖不出水。方向不对，努力白费！定好方向，紧盯目标不放，就一定会有收获。

刘 sir 的个人经历非常传奇，相信他的人生经历和实战经验会帮助感到困惑的年轻人找到方向，找到淡定前行的力量。

海蓝博士，海蓝幸福家创始人，情绪转化和关系梳理专家，
《不完美，才美》系列畅销书作者

没有定位的 IP 创业者，就像没有方向和目标的流浪者，不知道做什么，干得很吃力，产品没有竞争力，人活得很累。

刘老师在战功赫赫的实战中，总结出了定位的理论和方法，相信会影响、成就更多想成功的人。强烈建议大家多阅读几遍，并好好践行。

彭芳，亿级 IP 发售导师，畅销书《引爆》作者

这个社会不缺能力强的人，但是缺能力强同时还能认清自己的人。一些人明明只够做好一件事，或者不努力可能一件事都做不好，却同时做几件事，对哪件事都不够专注，最终竹篮打水一场空。所以，无论工作还是学习，认清自己的优势，找准现阶段的定位，方能发挥出真正的能力，才不至于在梦想和现实之间拉扯，落入"看起来很厉害，实则一事无成"的境地。

建议前行路上迷茫的你阅读这本《定位高手》，从中找到适合的方法，勇敢去闯！

李柘远，耶鲁学士 + 哈佛 MBA，
《学习高手》《不如去闯》《在你和世界之间》等图书作者

定好位才能定天下。定位的好处是让自己的心定下来，这样所有的资源才能聚焦起来，因为每个人的资源都是有限的。没有明确方向的努力，就是在内耗。

我很高兴在《定位高手》中看到了定位的理论和方法，全民 IP 时代，个体的彼岸就是定位，而这一切任重道远。

希望所有小伙伴都能成为定位高手，并且发挥自己的优势，明确自己的天赋。

青音，资深心理咨询师，《高情商沟通》作者

刘 sir 是我非常敬重的出版界的前辈，他的创业精神，对于内容商业模式的颠覆式创新，深深触动了我。我非常赞同刘 sir 的理念：一个好的内容离不开定位，一个精准的定位是一切成功的开始。

七芊，知名职场作家，选择力新职业教育创始人，福布斯 U30 上榜者

清楚地认识到自己处在人生的哪个阶段很重要，为什么你很厉害却一事无成？并不是你没有能力，而是你的能力和自己现阶段所做的事情并不匹配。也许你具备驾驶飞机的能力，但是现阶段做机舱服务员可能是你最应该做的；也许你具备写小说的能力，但是现阶段只要写好一篇高考的作文；也许你可以开公司了，但是现阶段还得作为团队中的一员发挥你最大的价值。这是为什么呢？

刘 sir 这本书可以很好地解答这些疑惑，他的成功经验很有说服力，对于当下正从事各方事业的工作者，可以说是及时雨。

林少，十点读书创始人兼 CEO

每每看到刘 sir 与一些行业大佬面对面，不免心生狐疑，他究竟是怎么做到的？直到有一天，看到他的一个短视频：《向上社交，结识比自己更优秀的人》，才明白其中的原委。

《定位高手》中最打动我的地方，就是刘 sir 对自己的反思竟能做到如此彻底。而整本书，就是刘 sir 关于自身从业与创业的心得，年轻人从中能受到很大的启发，学会少走弯路，尤其是职场中人会有共鸣，可以引发反思；创业者能从中汲取智慧，学会如何取舍。

吕国钢，乐学一百创始人

刘 sir 在出版行业深耕了 20 余年，已经成为头部，他对个体成长的定位有着极其独到的见解和极致的践行，本书做减法的理论和方法会颠覆你对自我、个人品牌、定位的认知，获得爆发式成长的力量。

韩老白，《高能文案》《给自己 1 小时》等书作者，营销文案教练

我采访了近一百名清华北大的学霸，发现他们的学习不是盲目的，而是有清晰的规划。同理，好的人生也一定是规划出来的，这本《定位高手》就是从个人定位的角度出发，来带你找到自己的个人定位，并基于定位一步步去做，最终收获你想要的人生。

这本书就像"个人定位的实操宝典"，不仅告诉了你如何做个人定位，还告诉了你"如何一步步把个人定位真正落地，实行"。所以，如果你希望真正把自己的个人定位想到且做到，这本书是你的首选。

廖恒，百万畅销书《极简学习法》作者

我经营商旅书店 20 多年来，每天都能看到很多新书上架，也能看到很多书下架，而那些能够长时间摆在书架醒目位置的爆款图书，其背后有

着相同的规律，与《定位高手》一书所总结出来的理论和方法不谋而合。这本书值得每一位朋友阅读。

林永超，汇智光华书店董事长

刘 sir 在我眼中是出版界的天花板，他在做爆款书上有着非常丰富的经验，每次和他聊天我都会得到很多启发。他这本《定位高手》非常适合所有想要找到"人生定位"和"产品定位"，放大自己价值的老师。书中关于定位的底层逻辑的内容说得很透，也很易懂，我看的时候频频点头，和我当初找人生定位的思考一模一样，而他却毫无保留地把方法写了出来，值得大家反复阅读。

孟慧歌，高价 IP 营销顾问，慧歌商业私塾创始人

我一直有一种观点：我们活着，我们做事，看上去是在完成业绩，在履行各种身份角色的职责，实际上有一个非常隐蔽且重大的目标，叫作"确认自己"。比如，我讨厌做什么？为什么对某些事天生厌倦？我更适合做什么？更擅长做什么？我做什么最有成就感？把大把时间花在哪里才是此生最值得的？说实话，未必每个人都能回答上来。这是学生时代并未学过的内容，却又是我们这一生最值得被准确回答的问题。

《定位高手》似乎就在回答这些问题，作者从他的个人经历出发，结合各种理论，给读者提供了一个系统的视角：把生活用减法一再削减，直到找出最值得你花时间的那件事。"定位自己"可以是确认自己的一个入口。

崔璀，优势星球创始人，优势管理研究者

序言：人生需要做减法

我是一名内容操盘手，一个你可能不太了解，但是跟很多人息息相关的职业：畅销书背后的出版策划人。

我大学4年，学的就是编辑出版专业，算得上是科班出身。

26岁，我就成了当时国内头部出版公司"磨铁图书"最年轻的高管，带领团队创立过一个专门为企业家、商业大佬出书的财经图书品牌——"黑天鹅图书"。

30岁前，我就在两家头部公司担任过高管，从运营副总裁、首席战略官到执行副总裁，这些岗位我都干过。

30岁后，我连续创业，从知识付费到在线教育，目前是合生载物的创始人，也是"书香学舍"的主理人。我们现在的核心业务是：专注为头部知识IP、创始人、企业家做书课共创的内容开发。

我个人的IP名叫"刘sir一书一课"，对应的是我自己最核心的一个能力，帮助老师和老板们做定位，策划和打造老师和老板们最重要的一本书、最重要的一门课程。因为一个知识IP出书，往往最重要的是一本书的销量,而这是他所有书的销量的总和乘以2或3还不止。

很多外版经典,比如《定位》《金字塔原理》《高效能人士的七个习惯》,到本土畅销书,比如张德芬老师的《遇见未知的自己》,高铭老师的《天才向左,疯子向右》,余华老师的《活着》等,无一例外,都是如此。

如今,我已近不惑之年。20年来,我和团队操盘了2000多本书,打造了200余套课程。

我带领团队和李开复、时寒冰、陈志武、罗振宇、于丹、余秋雨、韩秀云等众多大咖老师都有过内容作品上的合作。

我也带领团队打造过很多开拓性的爆款,操盘经验算得上丰富,代表性的案例包括:

帮助刚离开新东方的古典老师出版了《拆掉思维里的墙》,销量上百万册。

在罗辑思维不到20万粉丝时,帮助罗振宇老师出版了前两本书,销量数十万册,助推了"罗辑思维"品牌的发展壮大。

引进心理学领域最畅销的书籍之一——《自控力:斯坦福大学最受欢迎的心理学课程》,畅销十几年,销量数百万册。

引进力克·胡哲的《人生不设限》,使之成为众多学校校长、老师们推荐的励志读物,销量破百万册……

我算得上在行业里尝试过不少创新。

在磨铁图书的那些年,我打造了公司过去从未尝试过的财经出版板块,还主导过主编制改革。

从出版到做知识付费,我一直认为自己做的是新出版,在各平台打造过不少爆款课程。

在创业的过程中,我带领团队做过付费课程、训练营、私董会等几乎所有的知识付费产品的形态。我也是"内容共创"模式的提出者,我认为专业化内容生产是一个不可逆的趋势,我们公司的核心业务就是四个半天帮助头部老师和老板们聊出一本书、做出一门课程、拍出一两百条短视频。最大化节约老师们的时间,同时最大程度挖掘他们的高价值内容。

我与肖厂长一起发起创立的"书香学舍",也是一个期待在行业里影响更多的出版人、作家,顺应个人IP时代,做出版创新和探索交流的阵地,聚集了众多的畅销书作家、头部的知识IP老师、知名的出版人、策划人、操盘手。

回顾自己过去的20年,我特别愿意合作的老师,就是那种认为自己只能做一件事、只帮别人解决一个问题就够了的老师。如果一个老师跟我说,我什么都能做,什么都想做,我就会觉得他大概率做什么都很难做到极致。这些年,我帮老师和老板们做的最重要的一件事情,其实就是帮助他们做减法。因为个人定位的本质就是在"少"里面看到更多。

今天,关注企业定位和品牌定位的人没那么多了,每个人更关注自己,个人定位变得越来越重要。

我跟很多老师经常说的一句话是,一本书定位的底层逻辑是你的IP定位,IP定位的底层逻辑是你的职业定位,职业定位的底层逻辑是你的人生定位。也就是说,你不清楚自己想要什么样的人生,就很难搞清楚自己要做什么样的工作;不清楚自己为了什么而工作,也大概不知道自己要做什么样的IP;不清楚自己IP的核心价值是什么,也很难出好一本书。

我是一个特别喜欢总结,思维能力比较强的人。这一路走来,我发现自己这么多年在实践过程中总结出来的这套方法论真的很适合每一个朋友。因为定位不对，努力白费，没有定力的努力很多时候是无效努力，没有努力的聪明很多时候是自作聪明。

这本书之所以叫作《定位高手》，是因为我想把自己 20 年的心得总结，把我帮助众多头部知识 IP 和畅销书作家做定位与放大他们价值的方法，结合我自己一路成长的体悟，分享给更多想要在这个时代发光发亮的朋友，让每个人都能找准自己的定位，成为"定位高手"。

我深信这本书适合每一位在今天这个超级个体的时代想要被看见的朋友。你不一定能成为一颗恒星，可能也很难成为一颗巨星，但是你值得让自己成为一个发光体。

如果你不甘于平凡，欢迎你打开这本书，找到属于你的"人生定位"！

扫码领取"定位规划模版"与
"出书避坑指南"

目　录

01 个人定位的原则与逻辑 _001

大多数人对定位理解的八个误区 _002

定位是什么 _007

定位的原则 _010

定位的逻辑 _015

找准定位必经之路的四个阶段 _019

个人定位的五个"一" _024

02 个人品牌与内容输出 _027

知识经济时代如何去把握机会 _028

内容输出的原则 _034

立好人设的原则 _041

IP 名与核心标签 _044

写好个人简介的方法 _046

从图文语言到口头语表达的逻辑 _051

内容输出变现的四个层次 _056

100 个基本问题 _060

如何搭好输出的框架 _064

写作练习的方法 _068

如何在专业领域成为他人的教练 _072

如何写好工作手册 _077

03 可持续的超级个体进化原则 _081

超级 IP 最核心的能力 _082

个人 IP 持续成长的四个原则 _086

原创理论的搭建 _089

创始人 IP 的四个维度 _093

讲好 IP 故事的方法论 _097

打造可持续的超级 IP 自成长系统 _101

如何提问 _105

每个人都可以出一本书 _111

04 定位与优势探索的方法 _117

找准职业定位 _118

个人定位的稀缺性原则 _121

优势是个人特质的正向发挥 _125

发现自己真正的优势 _128

优势的几个层次 _131

刻意练习，在细节中看细节 _134

放大优势链接力 _138

守住核心能力圈 _141

05 动态平衡的赢家策略 _145

成事最重要的是愿力 _146

远离焦虑，打破内心的负面循环 _149

将心智成本转化为心智资本 _153

摆脱自动化陷阱，升级为高配版的自己 _156

成长性思维 _159

思维破限，寻找利益结合部 _162

助推成长的重要性 _166

开启指数成长的思维模型 _170

附录： 人生进阶的职业框架模型 _175

后记： 初心常在，未来可期 _201

01

个人定位的原则与逻辑

虽然很多人都知道定位很重要，但绝大多数人并不理解什么是定位。大家搞清楚了定位的原则和逻辑，就能明白自己的 IP 定位为什么要与核心能力一致。核心能力与职业定位息息相关，而人生定位是一个人要持续思考的过程，找对了方向，你在人生的道路上才能活得轻松自在。

大多数人对定位理解的八个误区

不理解定位的原因有两个：一是没有个人定位的原则；二是没有搞清楚个人定位的逻辑。定位其实是了解自己的过程，找到自己最渴望的东西。下面我总结了八个大多数人对定位理解的误区。

误区一：定位首先解决的是是不是的问题

三百六十行，起点都一样，终点不一样。定位首先解决的不是是不是的问题，而是想不想要的问题。因为内心是否想要才是最重要的，内在动力大于一切。找到内心最渴望的东西，这是愿力的起点，也是定位的原点，就如稻盛和夫所说的"一切始于心，终于心"。不同行业有不同性格的人，想不想要对个人才是最重要的。

误区二：定位是个伪命题

对什么样的人来讲，定位是个伪命题？答案是那类很清楚自己的"人生使命"，有清晰的价值主张，清楚自己从哪里来，想要去往哪里，了解自己拥有什么，想要的是什么的人。这样的人非常专注，能力、愿力都很强。他们懂得以终为始，能抵挡住诱惑，能和孤独相处。一个有愿力的人，他不需要有人教，他自己就会去学。所以，对这类人来说，定位是个伪命题。因为他们已经在做了。

误区三：什么都能做

我跟很多老师合作，如果他说自己什么课都能做，什么书都能出，我就觉得他可能什么课都做不好，什么书都出不好。如果我和一个人聊三到五分钟，对方还说不清楚自己最核心的点是什么，那么对方的职业发展大概率走过很多弯路。这就是缺乏定位。

如果一个老师说他只能出一本书、做一门课程，我就觉得他的定位很清晰，是非常适合合作的。在我 20 年的职业生涯中，我总结了一条非常有意思的规律：什么都能做就是什么都做不好。所以我们要学会做减法，一次只做一件自己最渴望的事。

误区四：找不到独一无二的品质

如果一个人看不到做这件事该怎样发挥自己的个性特质，看不到做这件事要如何发挥自己积累的经验，忽略了做这件事与自己除专业之外的第二兴趣的关联性，那他的定位大概率是不精准的。**看到"人无我有"的稀缺性是定位的核心**。定位的目的是以强胜弱，以多胜少，在 10 倍于他人的优势领域不战而屈人之兵。但是很遗憾的是，很多人搞反了。成功比的是定力，不要做投机取巧的事情。

如何发挥自己的个性特质？很多人找我合作出书，不是因为我很聪明，很努力，而是因为他们认为我有实力，帮助过很多人。我的很多同事早就不在这个行业了，我在这 20 年中所累积起来的实力，就是我的稀缺性。

为什么每个人都是独一无二的？因为每个人所遇到过的人不一样，做的事也不一样。每个人的第二兴趣组成了稀缺性。如果你找不到自己独一无二的品质，那你就不了解自己。我的专业是图书出版，第二兴趣是读商业书籍，再加上我 20 年所累积的心得体验，我把同一件事的三重效能发挥到了极致，这就是我的稀缺性。

总之，定位是帮助你更好地累积你的实力，找到你的稀缺性。

误区五：定位是一件很简单的事

对于一个知识博主来说，出一本书能不能畅销的底层逻辑是选题定位，选题定位的底层逻辑是 IP 定位，IP 定位的底层逻辑是职业定位，职业定位的底层逻辑是人生定位。所以，你千万别说定位是一件很简单的事，因为定位是一个系统。每个人的 IP 打造与职业发展息息相关，定位是一个层层递进的关系。

定位是一个不断通向底层逻辑思考的过程。你如果知道杰克·特劳特出过《定位》，知道史蒂芬·柯维出过《高效能人士的七个习惯》，那你还知道他们出过哪些书呢？人们通常只记得一个作家最重要的一本书。

每个作者都要有一本最重要的书来展示自己的核心能力。打造一个人最重要的一本书要聚焦他的核心能力。当 IP 离核心能力越远的时候，推广的时间就越少，他的书销量往往不会太好。IP 和职业定位是相辅相成的关系，如果二者相互排斥，说明职业定位不准确。当你在打造一本书或一个 IP 的时候，他的核心能力与职业定位需要强相关。职业定位的底层逻辑是人生定位，人生定位是他想活成什么样的人。

误区六：认识自己就是只与自己对话

人能看到外部世界，却看不到自己。就像山本耀司说的："自己这个东西是看不见的，撞上一些别的什么，反弹回来，才会了解自己。"你与什么样的事物碰撞就是把什么样的事物当镜子，碰撞的过程中才会看到自己。

你对世界的了解越少，你对自己的了解也越少。定位是要跟厉害的人链接，只有了解了人性，才能了解自己。

误区七：以少胜多，以弱胜强

定位清晰的人都是简单的人。能量比能力更重要，如果一个人的眼神是涣散的，他想要的东西一定很多。而一个人的内心很笃定，那他一定是简单的、清晰的。

少就是多，定位倒逼你做减法，让你简单做事，因为聚焦之后才会看到更多东西。

慢就是快，做少了就会慢下来去思考，方向对了，才会少走弯路。如果你匆忙行动，可能会导致错误和麻烦，进而浪费掉更多的时间和精力。相反，如果你慢慢地、有条理地做事情，可能会更高效地完成任务，因为你可以更好地注意细节、规划好自己的时间和资源，从而避免错误和浪费。有时候要"慢慢来"，才能做得更好、更快、更准确。

后发先至，当你聚焦了才更有敬畏心。你看到别人做得好，可以跟着别人去学。只要内心是稳的，就有可能超越别人。

误区八：定位就是找到一个点

定位不只是解决想不想要和你要去往哪里的问题，而是一个系统的问题。我很赞同埃隆·马斯克的一个观点：要打造一个持续纠错反馈循环系统。这个系统能持续不断地获得高质量的信息，基于这些高质量的信息，我们才能有效地做出选择，并且给出反馈，形成一个不断迭代的自主成长系统。我们活在系统中，就要像系统一样打造自己，这就是为什么说定位是一个整体，而不是一个点。

公司是一个创始人价值观的放大器，我打造的一家公司，价值观是和有趣的人聊有趣的天、做有趣的事。公司是要帮助你改变世界的，从IP的角度看，要有系统思维。我希望这个公司是我喜欢的公司，那么，公司也会助推我前进。

以上就是我总结的八个大多数人在定位理解上的误区。每个人都需要定位，通过正确的定位，你的人生就会不一样，因为人生成功的底层逻辑是定位。通过学习本书，你会对定位有全面的了解，找准定位，打造自己的系统，人生的效率会更高！

定位是什么

框架之上看定位，定位之上看优势。如果一个人的脑袋里没有框架，就好像在地球上仰望星空，世界很大，人很渺小。框架之上找定位，就像你知道自己在地球上的哪个位置。定位的前提是要有框架思维，要了解点、线、面、体是什么，系统地规划自己的人生线路图。

点是从心出发，是原点；线是以终为始，是条线；面是发掘自己的稀缺性，要看某个面；体是规划自己，要基于自身的多面体。

点

一个人要知道自己最渴望什么，这是最重要的，它是定位的原点，是你坚持做一件事的内在驱动力。如何知道自己真正想要的是什么？这是人生中最重要的思考。我不断地和想出书、做课的老师以及一些大佬对谈、观察、阅读、思考，就是为了更好地找到他们事业底层逻辑的原点。

我总结出了五个问题，可以帮助你思考自己最想要的是什么。不断追问自己这几个问题：

1. 你理想中的人生状态是什么样的？（这个状态是从 30 岁到 80 岁的想象，包括家庭、事业、财务、爱人、宠物、生活、城市、业余时间等各方面的思考。）
2. 在这个想象的人生状态中，你每天在做什么？（越具体越好）
3. 别人最愿意肯定你的成绩是什么？
4. 什么是你从小到大自发去做的事情？

5. 什么事情是你花了最多时间去做的？

第一步，以上问题可以写在纸上，或用思维导图、手机便签等工具呈现出来，也许一开始你回答不上来，没关系，把这些问题时时刻刻反复思考，想到了就记下来。

第二步，在上面列出来的问题下面，继续追问新一轮重要的问题。

1. 做这件事时，你的感觉是什么？如果每天 8 小时、10 小时、15 小时做这件事带给你的依然是正面的情绪，那你就已经摸到一点边儿了。

2. 为什么是这件事？这件事为什么让你乐在其中，是因为别人羡慕的眼光吗？是完成时的意义感吗？是帮助别人让你感到实现了价值吗？

3. 如果这件事暂时不赚钱，你还愿意做它吗？

4. 如果这件事需要你花钱去做，你愿意为了它而付出吗？

5. 如果你已经没钱了，你在每日追求温饱之余，依然会为了这件事而努力吗？

这五个问题要带着场景去思考，想不出来就让它悬在那儿，持续地思考，想到就记录下来。这些都是基于内在原点的思考。

线

世界是不断变化的，我们想要更好地应对那些变化的东西，就要知道哪些是不变的。围绕不变的东西，可以放下很多东西。把时间轴拉长看，这就是"线"。也许你暂时不知道自己想要什么，但是你至少需要知道不要什么，人世间充满了诱惑，它们都在干扰你走向自己的目标。

到了60岁，你最不能丢掉的是什么包袱？这就是你想要的目标。一个人越是清楚自己不要什么，越能把握自己真正要的东西。

面

面就是我们要看到自己的多面性，你有你的个性特质，有你的专业，有你除专业之外的第二兴趣，你是一个多面体，从你的专业出发，从个性特质出发，从第二兴趣出发，把这三点结合，找到这三点之间的结合部，结合部里面的东西就是你独一无二的自己。

体

就是要动态平衡地看待自己，是生命体。有人采访马斯克时提出了这样一个问题："你遇到人生中最大的挑战是什么？"马斯克思考了几十秒说："我人生最大的挑战之一是确保自己拥有一个纠错反馈回路，然后随着时间的推移，保持这种纠错反馈循环。别人不敢对你说忠言逆耳的真话，想一直保持这个循环太难了。"马斯克是想告诉我们，要把自己打造成一个系统，一个能够不断迭代、获取高价值的信息，并且有效地做出选择、及时反馈的系统，也就是一个能够让你自主进化的系统。你要活在一个系统当中，同时要善于把自己打造成一个生命体，不断迭代、进化。

人是活在系统之中的，做一家公司像是打造一个系统。公司就是创始人价值观的放大器，这个系统必须是他自己喜欢的。对于创始人来说做IP和主业是相互驱动的关系，不应该是相互排斥的。

如果相互排斥，那他就输在了起跑线上。主业包括客户关系、员工关系、投资人关系，它们又构成了一个有机的整体。要把自己打造成一个系统，就不应该只从单点出发。我拍短视频是为了扩大自己的弱关系的链接，做直播是为了筛选弱关系的链接，我的低价课程是为了把高质量的弱关系链接向强关系转化，而强关系是我们公司的 20 个共创内容的项目。因为"书香学舍"这种高质量的关系链接，又能够帮我们筛选共创产品的客户，能够让它更加有效，提高它的势能。这一切的一切就构成了一个生态系统，它会推动我去做更好的自己。

打造个人 IP，就像打造一个外部的网络，形成一个生命体。我不断在进化，系统在推动我往前走。什么样的产品要匹配什么样的价值，这些串在一起构成了我的整体。

我们的脑海里需要有一个框架，这个框架是我们打造自己的一个基础，当你有了框架思维，你的人生效率会比很多人高很多。虽然罗马不是一天建成的，但当你心中有框架的时候，你就可以一步一步地去打造自己。

巴菲特说："人生就像滚雪球，重要的是发现很湿的雪和很长的坡。" 好的人生就是让自己不断地滚出更大的价值。

定位的原则

我在经历了创业后，才发现原则的重要性。在创业之前，我的事业直线上升，26 岁就成为行业最年轻的高管之一，30 岁之前就在细分领域国内排名 TOP10 的一家公司担任首席战略官兼运营副总裁。我合作了很多头部的大V，对职业有极大的热情，因为我认为自己可以和全世界最聪明的大佬合作。

直到创业后我才发现，我的事业在走下坡路，因为我的心态飘了。回过头来看，我要感谢创业。如果不创业，我到现在还像一个巨婴。自己那么年轻就取得那么好的成绩，是因为我年轻时当过民工，后来又回去读书考上了大学，之后来到北京工作。这说明我年轻的时候内在动力很强，这个特质帮我达到了我做职业经理人的高度。

而创业是促进我成长最重要的经历，让我从稚嫩走向成熟，经历了绝望之谷。

当我创业的至暗时刻到来时，原则是对我最重要的。

在我做职业经理人时，我的头顶上永远有一把达摩克利斯之剑[1]；但我创业之后，我头顶的那把达摩克利斯之剑就消失了。我一开始创业不讲究原则，但是公司的价值观需要变成原则才能够落地。

我做职业经理人的时候，没有稳定的内核、价值观，什么赚钱就做什么。创业之后我才发现，你不能空有理想，你不能空有一个所谓的价值追求，你需要把价值追求、价值观变成稳定的原则，变成你自己需要稳定去遵循的原则。这样才能够帮助你筛选什么值得做，什么不值得做，帮你避开那些没有必要的坑，而不是什么赚钱做什么。在这个过程中我总结了定位的两个心法：

---

[1] 古希腊的传说中，有一把非常有名的"达摩克利斯之剑"，比喻的是事物的两面性，一个人获取多少荣誉和地位，就要付出多少代价。

第一个心法是，凡是让我做起来很费劲的事情，要么是这件事不适合我，要么现在就不是我该做这件事的时候。最重要的是要找到你的核心定位，让你做起来很费劲的，很可能是因为离你的核心能力圈比较远。

第二个心法是，与价值观一样的人为伍，与价值观有差异的人为友，远离价值观不一样的人。在我们的生活当中，有些人你如果跟他长期相处，过于亲密无间不好，太冷漠也不好。如果和所有人都有距离感，也很痛苦，因为"近之则不逊，远之则怨"。那么，我们该如何去解决这个问题呢？

我花了很长时间才搞清楚，需要思考的是核心价值观。因为从长期来看，核心价值观不一致的，前期看上去再好，后面也难以长久。所以，与谁为伍，与谁为友，与谁为敌，这是人生中很重要的命题，价值观是一个很重要的标尺。

接下来我想跟大家分享一下我关于定位的三条原则：

第一条原则是，少就是多

做内容行业少就是多，内容行业不是讲究二八法则，也不是讲究一九法则，而是一和九千九百九十九法则。

我们公司一年只做 20 个项目，为什么不做 200 个项目？因为做 200 个项目的利润很可能还没有做 20 个项目的多。如果要做 200 个项目，我就要把精力分成 10 份，每个项目我只能用十分之一的精力。如果我只做 20 个项目，我就能用 10 倍的精力把这 20 个项目做好。其实做 200 个项目，把每个项目的销量加起来并不一定就能做得比 20 个项目多，甚至会少。你专注地做好 20 个项目就能获得更大的回报。如果我把精力分散了，每个项目获得的收益就会少很多。如果复制 10 个项目，看起来很容易，但很难保证每个项目的负责人都是高水平的。

所以，这不是一个规模化复制的问题，也没有那么多的好项目。只有把每个项目的细节做到极致，你才可能做得足够好。你精挑细选的项目就跟做投资一样，你要提高的是你精准的成功概率，而不是靠量取胜，你做 200 个项目里面产生爆款的数量，可能和你做 20 个产品产生的爆款数量一样。如果做 200 个项目，可能有 10 个项目是爆款，那很多项目都是不挣钱的。如果是 20 个项目，可能每个项目都可以挣到钱，甚至挣到大钱的项目会更多。

做少了能看到更多的细节和机会，也能平衡好工作和生活。我和帆书（原樊登读书）的创始人兼 CEO 郭俊杰郭总打造过一本叫《简单做事》的书，这本书里面讲到樊登读书用了 10 年时间，专注地去研究如何打磨一个产品和营销一个产品，从 0 做到 6000 万用户，他们就是从少做到多。它的两个创始人，一个在北京，一个在上海。在不同的城市，他们一起做成了一件事情，而且是跟 IP 和知识付费都强相关的。这是个体学习的时代最好的一个范本。

第二条原则是，慢就是快

我回过头来看我的人生，我以前太快了，其实慢一点心态会更好，也许会取得更高的成就。走得快的人是聪明人，走得慢的人是有大智慧的人。

我以前给自己画了好大一个圈，却是一个空心的圈，里面很空洞，这是一个让我感到焦虑的圈。空心的圈看上去机会多，但不是真正能抓住的机会。后来我决定试着慢一点，我画的这个圈就变成了一个实心的圈，该把握住的机会都把握住了。回过头来看，慢一点,其实会走得更稳,走得更远。

当然慢也是要投入精力的,不然就效率很低。大家都知道《射雕英雄传》里的黄蓉很聪明,她学武功很快,郭靖学得很慢,要练习很多遍,但是武功天下第一的却是郭靖。所以,不是越聪明、越快才好,底盘稳,慢一点,反而更好。聪明不等于有大智慧,慢的智慧才是真正的大智慧,快的聪明很多时候是小聪明。

不善于短跑,那就比长跑。跑得慢点没关系,耐力强一点,拉长了时间轴去看,慢也就快了。有时候跑得慢一些也能让你更好地享受跑步的过程,欣赏周围的风景,放松身心,减少对身体的压力和伤害。因此,跑得慢一些并不一定是不好的事情,它可能是使你更好地实现自己的目标和享受跑步过程的一种方式。

如果你匆忙行动,可能会导致错误和麻烦,反而会浪费更多的时间和精力。相反,如果你慢慢地、有条理地做事情,你会更高效地完成任务,因为你可以更好地注意细节、规划好自己的时间和资源,从而避免错误和浪费。因此,有时候要"慢慢来",才能做得更好、更快、更准确。

第三条原则是,后发先至

后发先至的前提是打造自己的底盘。我做短视频就是向年轻人学习,我的专业度高,底盘稳,我就能后发先至。年轻人很擅长创新,而我学得虽然慢一些,但愿意用很长时间去研究。

很多人都愿意做短视频和直播,行家一入场,最后比的还是整体的底盘功夫,因为最后大家还是要和更专业的人合作。一个人的专业度需要长时间的积累,需要长时间练习。所以,后发先至的"发"是触发你去刻意练习新的东西。只要能够不放弃这个后发,加上10年、20年积累的经验，你自然能做到后发先至。

一个人如果到三四十岁都没有很深的积累，那确实要焦虑。焦虑的原因就是没有底盘的积累，做什么事都是浅尝辄止，没有自己的蓄水池。当然，虽然很多大公司做的也不是创新的事情，但是等别人把创新的事做成功了，新的媒介一出现，大公司一入场就能做成，因为大公司有强大的底盘。

人生不管是做什么事情，都要找准定位。有定位就不会让你焦虑，反而会让你更轻松。

有个朋友问我："刘sir，为什么你总能知道哪些人能火，哪些人不能火，你看看我能不能火？"

我说："在这个方向持续深耕，虽然你比别人反应慢一点，但是跟着做，在自己的领域里专注地长期去做，不就会越干越好吗？事实证明你也是对的，这两三年的积累，你一直朝着一个方向努力，该出的书出了，该做的课做了，还有很多头部的IP愿意向你靠拢。"

我觉得我这个朋友虽然慢一点，但他一路向前，这样的人生才是正确的定位。

定位的逻辑

当你遇到大大小小的人生困惑时，定位可以帮你找到第三选择。

你想做一本什么样的书，就要看你想做什么IP。书的定位和IP定位一致的话，你的书就会更畅销，IP定位比书的定位层级更高，IP 的底层逻辑是放大你的核心价值。

比如，我就是教老师们出书、做课、做内容。我看到家庭教育赛道的老师挣钱很多，但那是他们的事，不是我的事，也不是我所能挣的钱，我只做个人 IP 定位方向的事。所以，要避免定位上的焦虑，就需要看你的职业方向和定位，你需要搞清楚自己想从事什么事业，做了哪些方面的积累，而这些才是你 IP 定位的底盘。

如果你在职业定位上纠结于我适合干什么，不适合干什么，你就会很焦虑。实际上三百六十行，行行出状元。不同的行业，不同的岗位，不同的领域，都有不同特质的人取得成功，所以适不适合干什么职业是个伪命题。

你想成为什么样的人才是最重要的。因为，你想成为什么样的人，就会去选择什么样的职业。但是，现实生活中的很多人，只是站在一个低的层次上思考自己的职业，从而持续地迷失自己。

我们要搞清楚的是想不想要的问题，不是适不适合的问题。想不想要是由什么来决定的呢？想不想要不是一个职业维度的问题，而是一个人生维度的问题，你想要活出一个什么样的人生？你的人生使命才是最重要的。

人生其实就是一个"一"，就像李善友教授所说的"一的力量"，人生的"一"是指：我是谁？此生为何而来？为了生命意图的表达。生命意图就像心之所向一样，要有一个方向，人生的"一"，就是把灵魂深处的生命意图淋漓尽致地表达出来。

你想让自己成为一个什么样的人？你要很清楚做好自己的"一"。你的方向一定是跟你的 IP 有关系的，我们现实生活中的一切都是三维强于二维，二维强于一维。因为人的格局很重要，你解决表层问题的位置，决定了你是否能看清事物的本质，看清了事物的本质才能够彻底解决问题。

所以，定位的底层逻辑是一个层层递进、由表及里地推导问题的过程。你要把一个表层问题推向一个更高层级的思考，才能找到答案。这个过程你可以找别人来帮你，别人帮你做定位是助推，但最后真正的核心还是你自己，你需要通过交流和碰撞来更好地看到自己。如果你放弃对自我人生使命的探索，还要把思考的过程交给别人，那是不现实的。因为没有人可以让你成为任何人，只有你自己才可以让你成为任何人。

我总结了定位的四个层次：书的定位底层逻辑是选题定位；选题定位的底层逻辑是IP定位；IP定位的底层逻辑是职业定位；职业定位的底层逻辑是人生定位。

你想写一本什么样的书？在思考这个问题之前，你需要知道，书名是出版的原点，是营销的起点，是最核心的东西。所以，起个好书名至关重要，它是一本书的灵魂。

大家都知道书名很重要，很多人起书名会参考市场上的爆款书名，那样会陷入一种困境当中。我认为三流的书名卖的是噱头，二流的书名卖的是功能性，一流的书名卖的是价值观。这价值观不是随随便便的，它一定与你的IP定位有关，一定与你的核心能力有关，一定与你的人生使命有关。

不是说什么书名好看就选什么书名，书名的确定来自正确的选题方向，选题的方向需要基于IP的定位，基于IP的价值观。如果你提出一个正确的价值观，这个价值观是可以重复出现在很多地方的，很多你想要表达观点的地方。但是，你提出的这种价值观和你的IP表现出的行为不一致，那就不对了。读者看了会觉得很奇怪，这样的书是没有生命力的。

我给樊登读书会创始人郭总出的书起名叫《简单做事》。如果用噱头来尝试做这本书，可以叫《揭秘樊登读书会的成功》，这卖的是噱头，如果对樊登读书会不感兴趣的人就不会买。因为噱头，永远是热点，热点永远是一时的，不会持续很久。如果用第二个层级卖"干货"的方式，书名叫《如何打造中国第一大知识网红》，读者会认为这是一本讲方法论的书，就会吸引到想学习樊登老师打造IP的那些人，但这本书不是给大众阅读的，不具有普适性。如果书名是《简单做事》，它是具有普适性的。樊登读书会10年打造一个产品，卖一个产品，"简单做事"是郭俊杰郭总和樊登老师打造樊登读书会所倡导的价值观，那么，它的张力就够了。

普适价值观就意味着它简单，大家都会觉得深入人心，其他的IP都会为你传播。简单做事这个价值观跟郭总本人是自洽的，他就有更强的内在动力去传播这种价值观，因为这个价值观是普适的，不仅能感染他人，也能感染他自己。有了动力去推广他的IP，又是他自己身上最核心的一个特质，他到哪里都可以讲《简单做事》一书。

所以，《简单做事》不是一本讲知识IP的书，不是讲创业的书，如果是那样的话，读者定位就变窄了，它是讲普世价值观的书，是讲个人成长的书，读者定位也就变宽了。

大家搞清楚了定位的逻辑，就能明白自己的IP定位为什么要与核心能力一致。核心能力与职业定位息息相关，而人生定位是一个人要持续思考的过程，找对了方向，你在人生的道路上才能活得轻松自在。

找准定位必经之路的四个阶段

我的人生经历和很多人不一样,你能想象我曾经是个打架、离家出走的问题青年吗？我 16 岁生日那天,就离家出走去工地搬砖,我高一最后一学期所有科目最高分是 12 分,我爸看到我那个成绩的时候打我,我还理直气壮地跟他犟嘴。是什么原因让我的人生后来发生了天翻地覆的变化呢？这要从我探索定位的四个阶段说起。

第一个阶段：内在动力大于一切

我探索定位的第一个阶段得出的结论是内在动力大于一切。我有很强的自我评价体系,能从反馈中学习,有看待世界的基础框架与思维模型,拥有画像的底层能力。

很多人问我："为什么你 16 岁当民工,后来能够重新读书？"

我说："我花了两年时间学完了初中和高中一共六年的课程,并考上了一所不错的大学。最重要的原因是我有目标感。我从小比较叛逆,我爸妈让我往东,我偏要往西。叛逆让我的人生走了很多弯路,同时,它也让我从小不断强化自主意识,我总能拿回人生对自我评价系统的评价权。

"我当时之所以能够有那么大的学习动力,主要有两个原因：

"第一个原因,我觉得我姨父的建筑公司没有发展前途,照那样干下去,我最多是个包工头。而且我姨父当时最认可的人是蒋工,他会画图纸。我不会画图纸,我觉得自己一辈子都无法超越蒋工。

"第二个原因,我姨父的建筑公司和隔壁省城的建筑公司相比,就显得我们拿的都是土枪、土炮,我觉得即便在我姨父的公司做到包工头，也很难有大作为。正在我感到很困惑的那个时期，我看了一部对我影响极大的电视剧——《创世纪》，主人翁叶荣添17次创业，失败了16次，最后一次成功了。我后来想，即使叶荣添最后一次创业失败了，他依然是我的偶像。他的人生之所以波澜壮阔，是因为他的目标感很强，不怕失败。于是，我也想活出波澜壮阔的人生。"

《创世纪》这部电视剧给了我很强的内在动力，让我能够自主拿回人生的主动权，从而让自己能够主动去画像，不断地构建自己看待世界的基础框架，学习各种各样的思维模型。

我能够用心去做事，能够沉浸式学习，能够用两个月的时间把高中三年的英语单词全背了，数学全自学完，还跳了两级，这一切的背后都是因为我有强大的内在动力。

我觉得思维方式大于学习方法，而内在动力大于思维方式。当你很努力的时候，你就可以避免情绪内耗。很多人的时间效率很低，是因为时间被情绪消耗掉了。你学习了再多，但思维是固化的，你也不会成功。如果我认为自己学习很差，不可能改变自己，我就不可能成功。

第二个阶段：跟最厉害的事物、最高的标准去碰撞

我探索定位的第二个阶段得出的结论就是跟最厉害的事物、最高的标准去碰撞。因为跟最厉害的事物、最高的标准碰撞，它会不断影响你的思维方式。当我有了极强的内在动力，又能够去跟最厉害的事物碰撞的时候，我就有了不断地让思维放在更高处的能力，就能够避免自己陷入没必要的情绪内耗当中，同时因为我能够跟最高的标准去碰撞，我的思维就能够避免固化，否则我也不可能取得

成功。

所以,思维方式应该是在我跟最厉害的事物碰撞的过程中获得的。首先,大学能够让我从一个更高的维度去审视自己的行业,我不再只是把它当作一个做书的行业。我觉得出版的本质是传媒,因为我学的出版编辑专业就属于湖南师范大学新闻与传播学院下面的专业,我是从一个传媒的角度去看待这个行业的。

我来北京是因为北京拥有全中国最厉害的文化人才,这个环境又给了我更高的事业面,让我相比在其他地方的同学有更高的事业面。我之所以在26岁成为最年轻的高管,就是因为我向上去链接,向上去学习。我跟着沈老板,学会放下很多东西,这时候我的格局就得到了提高。

环境对一个人来讲很重要,你选择的层次很重要,更重要的是选择跟谁在一起。你去读一个好的大学,去一个好的城市,去跟最牛的人在一起,都能够让你去跟最高的标准碰撞。

向上社交,是我能在26岁成为最年轻的高管的一个重要原因。当年我去磨铁图书的时候,创始人沈浩波是中国著名的出版人,他打造了《明朝那些事儿》《盗墓笔记》等超级IP,我愿意放弃高薪,做他的助理。

我跟行业里最厉害的人去学习,就等于学了一个EMBA。如果我觉得钱很重要,就不会选择跟行业里最高标准的人在一起碰撞,我的成长就会很少。我放弃过很多东西,也放弃过舒适的待遇,但我为了跟行业里最高标准的人在一起,我什么都愿意。

在做一本书的时候,我会去参考百万销量的图书,而不是几十万销量的图书。孔子说:"取乎其上,得乎其中;取乎其中,得乎其下;取乎其下,则无所得矣。"我会主动去抓住机会,向高标准的人靠近。只有跟高标准的人碰撞，你才能看见自己，才能找准自己的定位。

选择的层次很重要，更重要的是选择和谁在一起。就像《原则》的作者瑞·达利欧说的，"你是谁不重要，重要的是你和谁在一起"。

第三个阶段：价值观与第一性原理的重要性

我在探索定位的第三个阶段得出一个重要的体悟是：价值观与第一性原理的重要性。我在做高管时曾帮助过一家出版公司从非常艰难的状态转亏为盈。我还回到磨铁图书推动了主编制改革，这都离不开价值观和第一性原理。

价值观为什么很重要？因为当你跟更高的标准碰撞的时候，你自然而然就清楚了更高的价值主张。

当你能够坚守公司的价值观去做一件事情的时候，你就能够以不变应万变，从而可以应对各种复杂的事。在我后来的职业成长过程中，在行业里面推动很多变革的时候，我都能够"摆平"各种复杂的关系，就是因为我始终坚持第一性原理和价值观。

只要是做价值观正确的事情，你都是为公司好，都是为公司长期利益考虑。没有老板会去拒绝一个为公司好的人。这就是我在做职业经理人时，能够在这个家族企业的发展过程中处理好各种人际关系和带好团队的原因。

坚持公司的价值观，坚持做有价值的事，这就是我的护身符。这个阶段，你的进阶、内在动力、向上成长、价值观都很重要。你要遵循价值观，当你做行业的变革和创新的时候，就能够靠近趋势，去探索趋势，探索一些更长远的、更有价值的东西。当你成为行业的天花板，价值观会指引你向更年轻的人学习。

第四个阶段：定位即原则

我探索定位的第四个阶段是：定位即原则。从一个职业经理人到一个创业者，我曾经做过很长时间的项目。创业后我为什么会走下坡路？是因为我从职业经理人转型到创业的时候，我的头顶有一把达摩克利斯之剑，但创业后，这把达摩克利斯之剑就消失了。因为我要基于一些原则，选择和什么样的人在一起，基于原则去选什么样的合作伙伴。

如果我没有原则，只是凭着一种内在的动力说我要有一个很高的价值追求，如果任意的人都能加入进来，我该如何筛选呢？什么样的人才是有梦想的？这个人是否认同我的梦想？假如我没有原则，我就识别不出什么样的人是靠谱的。

所有的人都是被我吸引来的，也都是我自己愿意合作的。所有的合作伙伴、所有的项目靠不靠谱，都是由自己决定的。如果你有清晰的原则，有选择做什么和不做什么的标准，那么你就能够穿越孤独和至暗时刻。

我现在做内容共创和"书香学舍"是有自己的原则的，把价值观变成可以落地的东西的原则。这时候我就觉得我们公司再往前走，可以走得更远。我在经历过至暗时刻，在反弹起来之后，我相信我可以做得更好。

在此，我也建议每一位想做得更好的朋友要学会向上学习，"宁为凤尾，不做鸡头"，如果你是鸡头，与不如你的人一起合作，别人就会拉低你；如果你是凤尾，和厉害的人一起合作，别人就会拉着你往前走。

我相信我可以走得更远，飞得更高，但是这些东西于我而言已经不重要了。因为做就是得到，当你有原则的时候，你的内心会更淡定，就不会去纠结这些东西了。所以，回头来看自己对自我定位的探索过程：是否具有很强的内在动力？是不是向上学习？是不是有自己坚定的价值追求？是不是能够让自己拥有做事情的原则？你通过这些来审视自己，就能够更清晰地看待自己的人生。

个人定位的五个"一"

个人定位从 IP、个人品牌打造的角度来说，是通过人设来体现的。总共包含五个维度，很多的朋友都思考得不够全面，比较碎片化。

第一个维度就是，你的身份

其实很多人都不注重自己的身份提炼，很不愿意直面自己属于哪一类人，不喜欢被定义。但是你要知道，我们每个人都属于某一类人。这并不影响你是独一无二的自己。你只有愿意承认自己与他人的共性，才能看到自己的独特性。

比如，你是某一个行业的职业经理人，这只是你的职业身份，你还有生活里的另一个身份。在生活中，你可能是两个孩子的妈妈，或者是三个孩子的爸爸。你喜欢阅读，喜欢商业和科技。你的职业身份，以及包含生活中的角色和兴趣爱好的社会身份，让大家知道你和什么样的人是一类人，和什么样的圈子有着共通的话语体系。这是探索你是谁的问题。

第二个维度就是，你要考虑价值，你做的是什么事情

你能够给什么人提供什么样的产品和服务，你能够给对方带来什么价值，给对方带来什么样的收益，同时自己又获得什么样的回报，这些问题，你一定要想清楚，如果你没有想清楚，那别人更没法搞清楚你能做什么。

第三个维度就是，你希望用什么样的媒介形式去传播自己的价值，吸引对的人和你链接

比如，你是做短视频、做直播还是出一本书、做一门课程？或者是做社群、朋友圈？不同的媒介形式，有不同的优劣势。

我们说 IP 是一个整体，不同的媒介要串起来玩，但是你也需要知道不同的媒介承载和传递价值的方式是不一样的。

第四个维度就是，你的个性特质

你是什么样性格的人，是内向的、温婉的，还是刚猛、直接的？不能随便去模仿别人，比如我思维力比较强，你非让我去模仿非常能共情的 IP，我肯定学不来。

你要知道你给别人的印象是什么样的，你认为的你自己和别人眼中的你是有偏差的，你要学会自洽。自洽就是在别人觉得你是什么样的人和你觉得自己是什么样的人之间找到一个自我认知的平衡。人认清自己需要一面镜子，以人为镜就是这个道理。

第五个维度就是，你给别人最能够记住的记忆符号是什么

记忆符号可以是形象，可以是文字，也可以是声音。比如，有些人很胖，胖得可爱；有些人很傻，傻得可爱，那形象就构成了记忆符号。有些人的声音充满磁性，一听就给人疗愈感，那声音就是记忆符号。而我经常被人提及的是"一书一课，书课共创"，大家最容易记住我的是"刘sir一书一课"，既做书又做课，是一个出版人、内容策划人。

因此，我把这个记忆符号标签放大，"一书一课，书课共创"，就是我的一个记忆符号。所以，人设是你的个人定位给他人的感知，考虑你的人设和定位，就一定要思考这五个维度以及对应的问题。你不把这些问题想清楚，你出书、做课、做短视频、做直播、做朋友圈或社群，做任何内容，都会设限，甚至会越努力越错。

想明白了，打造爆款就自然而然了，因为你是自洽的，而且你做到了个人IP、个人品牌之上真正全方位的定位自洽，你会感受到"一"的力量，你给大家呈现的是一个"一"，一个整体的"一"，一个行云流水、一气呵成的"一"。

02

个人品牌与内容输出

每个人在不同阶段都可以做内容输出。但是，能做好的人一定是能够在一个方向和垂直赛道上清楚自己的定位，能够在一个领域生根的人。因为他在这个领域会更加深入，同时，不仅仅要深入，还要懂得潜入，懂得表达。

知识经济时代如何去把握机会

很多行业因为知识经济时代的来临会重新被改造，我们该如何在知识经济时代把握行业的机会？

我认为热门行业不等于职业前景。从长期视角来看，每个行业都有热的时候。三百六十行，只要底层需求没变，它就不会彻底消失。比如，传呼机曾经火爆了一段时间，在手机出现之后，它很快就被市场淘汰了。在手机出现之前，传呼机能满足大家对便利沟通的基本需求，它是热门行业。但是，更便捷的手机出现之后，人们对便利沟通的需求升级了。也就是说，沟通这种基本需求一直没变，从传呼机到手机，只是满足需求的方式变了。图2-1为知识经济发展图。

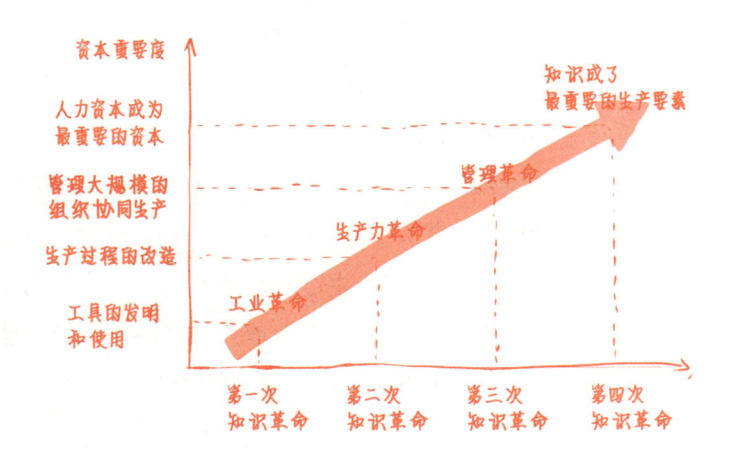

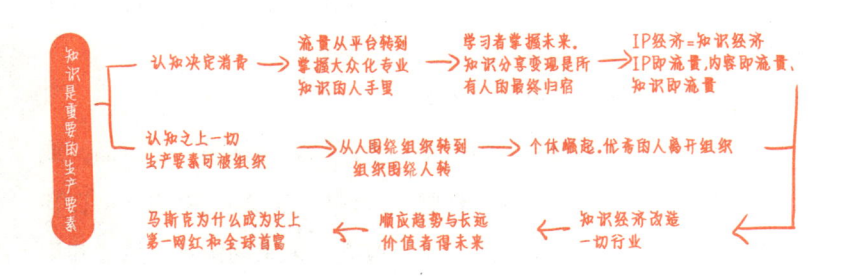

图 2-1　知识经济发展图

很多孩子在填报高考志愿的时候，家长会说报个热门专业，将来好找工作。可是仔细想一想，现在科技发展这么快，眼下很热门的专业，在 4 年之后会不会还是很热门？10 年之后会不会消亡？

我当年学编辑出版专业，很多人都觉得图书行业没有太大的前景，我也没觉得这个专业有多好。可是在我毕业的时候，正好赶上社会大力发展文化产业，图书出版行业一下子就热起来了。

后来，随着各种新的出版形式的出现，纸质图书的市场受到挤压,于是有人说电子书会替代纸质书,甚至说书籍会消亡。可是直到今天,纸质书依然有市场,因为它传播的是知识和价值观。只要这个底层的需求一直都在,它就不会消亡。

北京大学经济学教授陈春花说:"人类历史上经历过四次知识革命。第一次知识革命,是把知识运用于生产工具的发明和使用。第二次知识革命,是把知识运用于生产过程的改造,是生产力革命。第三次知识革命,是把知识运用于管理大规模的组织协同生产,是管理革命。第四次知识革命,是把知识当成最重要的生产要素,这是我们正在经历的阶段。"

我认为,现阶段人力资本已成为最重要的资本,知识已成为最重要的市场要素。行业在这个过程中有什么样的变革?我有两个观点:

第一个观点是,认知决定消费。

如今,卖东西不再是去强推销一个产品。强推销一个产品,或者靠传单、央视标王、机场广告牌,好像已经没那么有用了。在知识经济时代,用户的消费行为发生了改变,未来的销售应该是知识性的销售。因为平台掌握了大众化专业知识的流量,通过短视频,流量会往具有个人魅力人格的人身上去转移。当你有个人魅力时,到底能够给人们提供什么样的价值?用户需要的是知识性的销售,而不是传统的、强制性的销售。

知识性的销售跟传统的销售最大的区别是什么?是去吸引用户主动下单,而不是告诉客户你要买,现在不是强推的时代了。过去,我们让所有的产品经理都去网络上找作者,去搜索和挖掘作者,主动链接IP的用户合作出一本书。

如今,我做自己的IP,我可以站在前台,我开始去做短视频、直播。我开始吸引很多老师来主动找我合作。反过来，我们公司不需要让我们的产品经理去找客户了，我们只要做好我们的内容输出，就会有人主动找我们合作。以前，很多人对于出版有很大的认知门槛，现在我们是通过内容主动地传播，主动地展现自己，主动地输出内容。这个时候通过展现自己的个人魅力人格，把专业知识吸收进去，然后你就反过来能够去获得客户了。知识在这个过程中发生了改变，我们发挥了更大的作用，它就像知识连接器，大家需要知识跟一个人的情感相结合。

第二个观点是，学习者掌握未来。

知识分享最终是所有人的归属。你要不断地更新对这个行业的认识，你要不断地更新你对自己专业技能的认识。如果你能够表达不同的见解，而且你能够把这些知识大众化，你就能够持续地输出。

如今，全中国有一亿的个体户，未来的趋势要么是超级的大品牌持续占领市场，要么就是散点的小微型组织越来越多。我觉得小微型的组织会大量推动就业，小微型组织不再需要打广告，只需要输出内容就可以获得用户，这是面临的一个巨大的变化。你要有终身学习的能力，这背后就是 IP 流量、知识流量，你的认知就是流量。所以这是一个知识经济的时代。

今日头条的创始人张一鸣说："一切生产要素都是可以被组织的，最重要的是你的认知。"从这个维度来看，知识资本成为最重要的资本。每个人都需要去学习，学习者掌握未来，因为各行各业都可能被知识经济重新改造。一个人的认知只要站在高处，其他人会围绕着你转。

过去是人围绕着组织转，今天是组织围绕着人转。过去，一个人只是这个组织当中的一个部件;今天,一个组织会越来越强调创始人IP的核心是认知要站在高处。当你的认知站在高处的时候,钱会围绕着你转,资源会围绕着你转,一切的生产要素都会围绕着你转。

很多个体户和优秀的人可以离开组织。社会发展到这个阶段,就意味着每个人都可以发光。你不一定能成为一颗恒星,也不一定能成为一颗巨星,但是,你只要继续发光,你就可以应对职业焦虑的状态。

很多年轻人到了35岁的时候,就开始有很多的职业焦虑,其实有很多人成了个体户,个体户解决了很大一部分人的就业。过去就业的你,就像一个公司的零部件,在一个公司干到老,然后退休。但是反过来,今天需要自己去规划这些事情,因为没有公司会为你负责,公司不再是铁饭碗,任何一个机构都不是铁饭碗。你的职业技能、专业技能就是铁饭碗。你未来就需要通过输出知识,让自己成为一个发光体,去展现你的个人魅力,能够让大家去跟你合作。

知识经济时代让更多的个体户、小微型企业能够发光,也使得很多中型公司把很多东西都外包出去。互联网这种基础设施使每个人都可以在线协同办公。

当下,你面临的职业竞争不再只是你公司的竞争对手,还有外面的很多个体户。如果他们的职业技能更优秀,公司可能就不愿意招基础岗位的员工。

个体户越来越多,这说明两点:第一,你的认知越来越重要。第二,你要输出你的认知,让自己成为一个发光体。现代科技的发展使得人与人之间的协同变得更加容易和高效,可以实现组织颗粒度更小的人与人之间的协同。

知识经济其实是在改造一切行业。有的公司规模很大，一旦遇到问题就很糟糕。现在，我的公司规模变小了，是小微型组织，这样风险反而更小，但是它的游刃性却更强。现在很多百万年薪的人不再是企业管理者。相反，你会发现，现在越来越多拿到百万收入的都是小微型组织里的个体户，加入这种知识IP的小微型企业，你获得的收入可能更高。所以，我们要顺应趋势的变化。顺应趋势和长期价值，去主动打造自己长期价值的人，就能赢得未来。

像埃隆·里夫·马斯克这样的人，为什么能够成为全球首富、明星企业家？就是因为他的认知站在高处。他告诉大家一个愿景：我要探索火星，拯救人类。于是，他组织了很多人去帮助他实现梦想。当你对这个世界有更强的好奇心和更大的想象力，又愿意去更好地展现自己的魅力人格，你就会吸引更多的人和资源。

过去，你需要找投资人来支持你的创业项目。今天，你只要去提升自己，保持学习，通过短视频、直播，你可能就会把投资人和合作伙伴吸引过来。这样，你的客户就有了，你就可以再进一步去生产产品，去构建你的商业模式。通过这种创业方式，我看到越来越多的创业者开始说出自己的想法，然后有更多的人去支持他们的想法，于是他们就有了流量，有了客户，有了投资人，有了渠道，有了资源。在这个过程中，他们开始做自己的公司，然后把自己的想法一步步落地。

所以，这就是"认知站在高处，一切生产要素可以被组织"，这就是认知决定了用户的消费行为，导致我们今天这个社会发生了巨大变化。所以，你不能只是在专业上把自己打造成一个匠人，你需要让自己成为一个魅力人格体。你需要让自己由浅入深,还要懂得深入浅出,让自己成为一个发光体。

内容输出的原则

每个人在不同阶段都可以做内容输出。但是,我觉得能做好的人是他能够在一个方向和垂直赛道上,清楚自己的定位,能够在一个领域生根的人。因为他在这个领域会更加深入,同时,不仅仅要深入,还要懂得潜入,懂得表达。

知道并不等于做到,两者之间其实隔着一条很长的河,中间要经历从积累经验到总结规律、到内化、到强化再到肌肉记忆的整个过程,才能从知道跨越到做到,真正达到知行合一。

那学习的这七个层次究竟是什么呢?我来仔细解读一下。

第一个层次,消化理解一件事情

你知道一件事情,只是对它有了初步的想法,你想让它对你真正产生价值,对实操有更大的帮助,那你就不能仅仅停留在消化理解的层面。

第二个层次,你要跟自我的实践去结合

当你把自己消化理解的东西和自我的实践结合起来思考的时候,你知道的东西才能慢慢转化成对你有益的学习经验。也就是说,你要想一想过去你做过的哪一件事情跟今天学到的这个知识点有关,如果运用学到的知识,再经历一次你会怎么做,结果会有什么不同？你需要在自己的大脑里，进行一次这样的推演和复盘。然后，以后再遇到这样的情况，你就会知道该怎么做。这样的思考是非常有益的。当然，你这时得到的经验也只能做到有限运用。你只是知道自己过去做对了什么、做错了什么，以后再次经历，你会怎么做。

但是，这种运用只在遇到相同或相似情况时可以有所发挥，一旦情况大变，你的这种学习经验就没有用了。

第三个层次，跟他人的经验结合

你跳出自己的经验，跟他人的经验相结合，思考越多，种类越丰富，就越容易把学到的知识在更多的场景中加以运用。你把在多种场景中得到的学习经验总结成规律，乃至把这些规律变成你的方法论，你可以运用的场景就是100个甚至1万个了。

第四个层次，分享输出

《第二曲线》的作者查尔斯·汉迪在这本书里提到过一句有意思的话："有些事情，你不说出来，永远不知道自己知道的是什么。"从学习的角度怎么理解这句话？意思是你把自己的想法说出来，其实是有利于检视你的认知的。不要让一个想法只是在大脑里面飘，这只是你的个人感觉。感觉上的认知和说出来之后的认知往往是有偏差的。而分享输出，是检视自我认知最好的方式，也是把知识内化的必经之路。

第五个层次，在反馈中迭代

当你分享了自己的经验和方法论，当然会有人给你相应的反馈，通过别人的反馈，你可以迭代和升级自己的认知。这也是对所学知识的强化。从内化到强化，这个过程是非常重要的。因为你不能只是自己检视自己的认知，还需要别人来检视你的认知。

第六个层次，真正的行动

这时，你的行动不再局限于表达和分享，而是为了试错。在行动中去发现，你运用这个知识的时候到底是对还是错呢？在不断试错的过程中，你会逐渐形成自己的肌肉记忆。再出现相同的问题时，你会自然而然地做出反应。

第七个层次，在反馈中学习

这个时候，你已经不单单会运用、检视和试错，而是做到了知行合一。你学到的那些东西，已经融为你身体的一部分，已经融会贯通，可以随意加以调取。这才是真正做到。

从知道到积累经验、到总结规律、到内化、到强化、到肌肉记忆，再到做到，这是一个完整的体系，构成了学习的七个层次。

当你重新看待学习这个问题的时候，你可以自问一下：真正的学习和你过去认为的学习之间有多大的差距？如果你还只是蜻蜓点水一样地学习和吸收表面知识，却以为自己已经学到了很多东西，那我告诉你，就算你一年读了365本书，很多知识对你来讲，其实根本就没有用。

学习，学习，有学有习。不只要学会，还要在学会之后不断去练习。要在这样一个不断学习的循环中，追求我们期待的知行合一。

我们学会学习之后,要如何做出高质量的内容输出呢?首先,你要理解价值跟价格相等的原则。你把一个付费的东西变成一个免费的东西,那就不值钱。

比如,你把一个本来应该卖几千块钱的课程,或者上万块钱的课程,变成一个免费的内容在抖音上发布,可能就没人看。那内容输出的原则是什么?持续的内容输出需要了解一个逻辑:定位要垂直,内容是漏斗,知识要分层。

垂直的意思是指,你发布的内容与自己选择的领域是一致的。如何做到垂直定位?如果你什么都能做,什么都能讲,那就意味着你什么都不能讲,什么都不能做。所以,**定位是找到你最核心的能力,你越能够解决一拨人的一个问题,你最核心的一个能力就是垂直。**

当你了解了定位要垂直,其实还不够,还需要了解知识要分层。我们每个人都在一个人际关系网中,每个人的朋友圈都有几百个好友,像我这样的人有五六千个好友。如果一天跟一个人吃一顿饭,可能10年都不够。弱关系的原则就是筛选你的关系网。

你怎么去筛选跟谁能够花的时间更多,跟谁花的时间更少?应该跟哪个人去吃饭,不应该跟哪个人去吃饭?当把你的社交产品化,那就是内容在帮你筛选。这是由浅入深,从弱关系到强关系的筛选过程,这叫内容是漏斗。

举个例子,看我短视频的人可能对我都比较有好感,有些成为我的粉丝,然后来直播间看我直播,他们很可能比那些只是看我短视频的人对我更感兴趣,更想要了解我。对于购买了我的低价课或者一本书的朋友来说，他们可能会认为我的知识可以帮助他们。如果他们购买了我的高价课程，比如"书香学舍私董会"，那他们会更加深刻地感受到我的价值。而对于那些只是浏览我的短视频并给我点赞和关注的朋友，我可能并不会和他们有更多的互动和交流。

我跟那些来我直播间的朋友，虽然可以交流和互动，但是一般不会太深。而如果是买了我一本书或者一门课程的朋友，他们可能就会进入我的私域，加我的微信。他们问我问题，我会在我的直播间用连麦的方式答疑，我愿意在线上给他们花时间。

加入我的"书香学舍私董会"的朋友，从我的角度来说，就意味着他们离我的核心能力圈更近，我最核心的专业能力是打造IP、出书、破圈。这些人买了我更高层面的产品，我就愿意跟他们线下见面。如果购买了共创产品的朋友，愿意跟我去共创内容，他跟我可能是合作关系，我就会花更多时间在他们身上。我每个环节都在输出内容，它像漏斗一样筛选我的强关系和弱关系，这就是内容是漏斗。

知识要分层意味着什么？你每一个维度里面，你不同的媒介里面，你输出的内容是不一样的，内容的深浅也是不一样的。短视频需要半娱乐化的内容，在短视频里面分享的很多"干货"，都是属于调动情绪的。它能满足大家猎奇的心理，想要变得更好的心理，"八卦"的心理。

短视频是最弱的关系，直播间的关系就更深一点，需要带有一定程度的知识性。直播间里讲的知识就比短视频内容要稍微深入一些，可以通过讲故事与知识点相结合的方式跟大家聊天。

我低价的书课产品，叫作通识性的知识。如果我出一本《如何打造爆款书》，那样读者群就太少了。对我来说，我的低价课程是大众都感兴趣的内容,也就是通识的内容。所以,把高客单价的产品变成低价产品去卖就不合适。

图 2-2 为知识 IP 铁路设计图,这张图中的大众化知识的原点,是把书和低价的课拆分成一些短视频内容,在帮助老师们做书课共创内容产品的时候,可能就有一些带娱乐性的内容,再加上老师们的情绪的调动,就有可能满足大众的需求。所以,老师们最重要的一书一课,传递的就是大众化知识。很多短视频素材,是基于一书一课的内容,通过短视频和直播的表现形式呈现给大众。

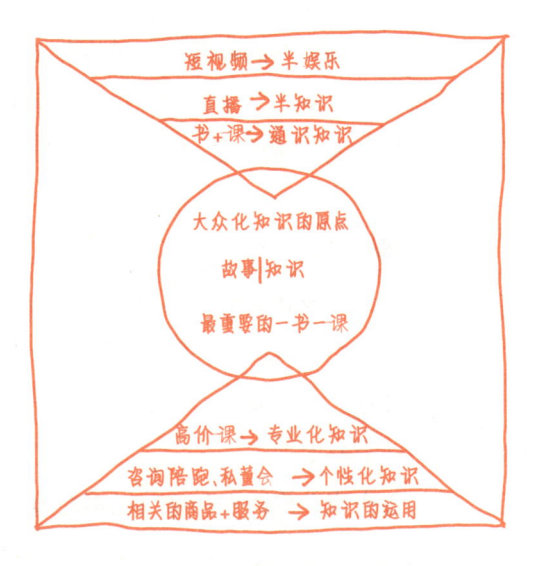

图 2-2 知识 IP 铁路设计图

我的 IP 为什么叫"刘 sir 一书一课"?因为我认为每个老师都有最重要的一本书或一门课程呈现给大众,这代表了一个人最核心的能力圈。比如,南派三叔最重要的一本书就是《盗墓笔记》,余华老师最重要的书是《活着》,当年明月最重要的书是《明朝那些事儿》。大众只要知道你最重要的一本书就够了。这是你所有知识通往大众的一个原点，你可以延伸出来更多其他的书，或者更多的短视频、更多的低价课。但是，你需要找到你最核心的能力。甚至，我觉得少就是多，这就是漏斗中最重要的一书一课。

客单价越高的内容蕴含的就是越专业化的知识，就像我的"书香学舍"里面分享的"如何出一本书"这个阶段里面的受众是相关的专业人士，所以，他们愿意买高客单价的产品。如果普通人没有这个需求，他可能觉得这些知识就不值钱。如果是有需求的人，他就觉得很值钱，这就是价值和价格相等。

所以，一个小时的咨询费有高有低。如果你要卖相关的产品和服务，就是知识变现IP。比如，一个健身博主卖健身器材，养生博主卖养生产品，美妆博主卖美妆产品，穿搭博主卖服装，这就是知识的运用。

定位要垂直，内容是漏斗，知识要分层。从半娱乐到半知识性，到通识性的内容，到专业化的知识，到个性化的知识，再到知识的运用，其实是分层次的。这个过程中，你最重要的"一书一课"就是你向上延伸和往大众化延伸，专业化延伸，成为一个更垂直的专业化的漏斗，一个流量入口。

这张图就是想告诉大家，你的书和课可以不断地涌现大众化的内容。同样，它又充当了一个流量入口，一个杠杆。它会帮你筛选出更多的高价值客户。

书是你最重要的社交杠杆，它帮你筛选出高价值客户，同时它又帮你产生更多的延伸内容。了解了这样一个底层框架，你就会知道怎么梳理你的知识，才能更好地通往大众，更好地筛选出你的高价值客户。

立好人设的原则

很多人问我:"为什么立人设这么难?"

我说:"这很可能是因为你对自己的定位不清晰。你觉得自己可以成为所有人,可以做所有事,你每一面都想展示出来,所以你觉得很难。"

这段问话从本质上来看,反映出这个人的职业定位不清晰,这说明他的职业规划本身就出了问题。这主要有两方面原因:

第一,他不清楚自己想成为什么样的人,今天想干这个,明天想干那个。

第二,他过于向外看。想看看别人是怎么火的,但是好像又觉得自己不行。只是在关注别人有的东西,不关注自己有的东西。所以他觉得很难。

讲到IP人设,我一直坚持一个很重要的原则,那就是要从内容的核心去反推IP的人设。在打造IP的过程中,每个知识IP第一件要做的事情,是基于自己的定位,搞清楚自己最重要的一书一课产品是什么。这个书和课的内容,就是基于你最能够帮大家解决的一个问题,梳理对应的专业知识,然后把它大众化。在这个基础上通过内容去反推人设,来知道怎么去告诉用户你是谁。

我们不能为了人设而人设,应该是基于你最能大众化的核心专业知识来立人设。一旦脱离了这个核心,你对人设的价值提炼就没有了基础。那么,人设的表现形式是怎样的呢?很多人说就是用一句话来介绍自己。其实,在今天这样一个短视频、直播的时代,一句话很重要,但它不是全部。我认为,要通过"一句话核心标签+更具体的内容"来体现你的人设。图2-3为IP人设图。

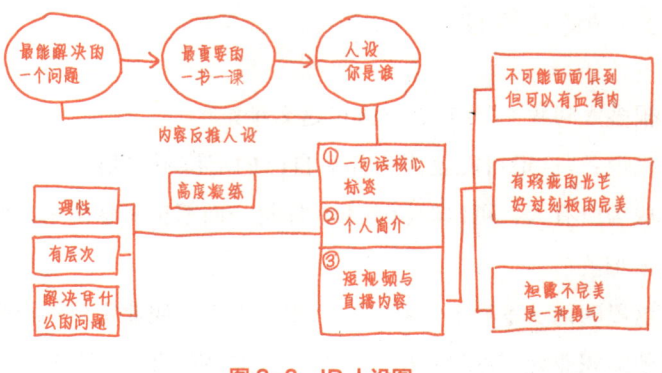

图2-3 IP人设图

所谓一句话标签，就是你要干一件什么事儿？比如说，刘sir的标签是"知识IP书课赋能专家"。这其实是我人设的一个体现，但是单凭这句话，用户对我人设的理解是不全面的，所以还是需要通过更具体的内容让大家更多地了解我。

至于内容呢，其实可以包括两个维度：

第一个维度是，个人简介

展示你的个人简介，相当于把你的这一句话标签呈现得更详细、更全面，让用户更立体地了解你。通过你的短视频或者直播，讲好你的个人故事，可以让用户更生动地了解。两者之间，还是有所不同的。

个人简介的作用，是为核心标签"你能干什么"做出更全面的佐证。你凭什么能够支撑起这一句话标签？你用什么东西来支持你做这件事？你凭什么能干成这件事？它是以理性的方式去做好你的核心价值呈现。从这个角度上说，它应该是层层递进的，有逻辑、有层次的。通过渐进的方式去解决凭什么的问题。

第二个维度是，短视频和直播的个人故事内容

至于短视频的内容，则更多的是通过与你的专业成长有关的、感性的故事来体现。让用户看到你是有血有肉的，以此来吸引用户看到你、理解你、信任你。

那从短视频或直播内容的角度，应该怎么体现我们的意图呢？我提供三点建议：

第一点，你不可能面面俱到，但是你可以显得有血有肉。

你是通过故事让用户看到你，把你的真实故事有血有肉地呈现出来。你不可能把所有的东西事无巨细、啰里吧唆地去讲述。我们需要学会高度提炼跟自己人设有关的故事，让大家看到你是有血有肉的，而不是无聊乏味的。就如同一个服装品牌曾经的广告语：人有很多面，就看你想展示哪一面。

第二点，有瑕疵的光芒，好过刻板的完美。

我们很多人都喜欢把自己标榜成一个完美的人。事实上，你并不需要那么完美。适当地展现一些自己的缺点和不擅长的东西，大家会觉得你更加生动。

第三点，有反差容易让人产生强烈的印象。

一个普通人的人设通常会受到大家的欢迎，因为他通过克服每一个挑战，与之前的形象形成了鲜明的对比和反差，变成了大家理想中相对完美的角色，实现了逆袭。然而，人们心目中的完美并不一定是真正的完美，而是符合他们内心某些要素的理想特征。因此，这个过程中的对比和反差起到了重要的作用。

有反差的人设不仅能够让人物更加有趣，也能够为故事增加更多的张力和戏剧性。但是，有反差的人设也需要注意平衡，不能过于极端，否则容易让人物形象不真实，失去可信度。

总之，好的人设应该是具有独特性、情感、成长、目标、缺点和可信度的，这样才能够让人们产生共鸣和喜欢。

IP 名与核心标签

IP 名是很重要的数字品牌资产。但是很多人恰恰忽略了这一点，要知道，IP 知名度越大，你的数字品牌资产的价值就越大。

那么，好的 IP 名需要具备什么特点呢？我总结了以下三点：

第一点，是你的人设识别，它能够体现一个记忆符号的作用，让大家记住你。让大家听到一个 IP 名的时候，首先想到的就是你。

第二点，是你的 IP 名在网络上能够起到价值认知的作用，能让别人知道你是干什么的，也就是体现你的分类。

第三点，是流量密码，能够让大家搜索到你，就算不是为了搜索你，也能搜索到你。

举个例子，刘 sir 的 IP 名叫"刘 sir 一书一课"，也是基于这三个维度做的设计。

第一个，IP 名里的刘 sir，就是人设识别，起到记忆符号的作用。很多年前，有一部香港电影叫《寒战》，是郭富城主演的，他扮演的角色名字是刘杰辉，跟我同名，然后有很多朋友就叫我刘 sir。刘 sir 这个名字很容易让大家跟《寒战》里郭富城主演的刘 sir 产生联想，这就是一个比较好的记忆符号，很容易让大家记住。

第二个，是让人在大脑中产生链接，越熟悉的东西越容易产生链接，"一书一课"这个点，很容易让人跟眼下最直接的需求产生价值链接，能让人知道我是做什么的，由此起到提示我的账号所属分类的作用。

第三个，流量密码是指大家在搜索一些高频关键词的时候能够搜到刘 sir 的账号。"书""课"是有一定流量的关键词，它们就是流量密码。

结合上面这几点，就是"刘 sir 一书一课"这个 IP 名的意义。

除了 IP 名的三个特点，我还要跟大家分享很重要的一点，那就是 IP 的一句话：核心标签。这个核心标签，应该体现三重价值：第一重价值，IP 的受众是谁；第二重价值，IP 能给受众提供什么价值；第三重价值，IP 能不能起到唤醒受众愿景的作用。

对大多数 IP 来说，找到受众和为受众提供价值都不是难事，能唤醒受众愿景的 IP，才是真正厉害的 IP。

你的 IP 名和你的一句话核心标签，这两者是相互统一的关系。两者融合在一起，能体现几样东西那就是完美：人设＋受众＋价值＋愿景。这四样东西是非常重要的，那具体是如何体现的呢？

拿与我们合作的刘威老师举个例子。他的本名就叫刘威，是个老师，他的受众群是学生和学生家长，群体十分明确；他为学生提供的价值，是让孩子掌握自主学习的能力；愿景是让每一个孩子都学会学习，让学习变得简单。

刘威老师有一句 slogan（标语）叫"让每一个孩子学会学习"。这个一句话核心标签与他的"刘威老师"的 IP 名融合在一起，是不是就体现了上面所说的四样东西？

从刘威老师这个例子来看，他的 IP 名似乎并不具备我上面提到的三个特点，你是不是觉得你也不需要考虑 IP 名的三个特点呢？

如果单从起名字的角度来说，尤其是刚刚起号的时候，IP 名能体现上面讲到的三个特点会更好。如果实在做不到，你的 IP 名能和一句话核心标签完美地融合起来，体现"人设＋受众＋价值＋愿景"这四样东西，那也是可以的。

我总结了知识IP起名的三大逻辑：

第一，一眼就能看到你是干什么的。很多朋友在这一点上往往出于个性考虑，总是忽略。

第二，要有知识性。很多人为了追求有趣，就忽视了知识性和搜索流量的价值。实际上，IP名能体现"知识性"就尽可能体现"知识性"，尽可能告诉大家自己能提供什么价值。在刚开始起号的时候，你的IP名能不能起到最大化地捕获搜索流量的作用，这是很关键的助攻。不论过去还是未来，搜索流量永远是一个很重要的长尾入口。所以，知识性＋搜索流量＞有趣。

第三，要起到"自我暗示＋价值唤醒"的作用。自我暗示就是每当你被提起，就是在提醒自己要聚焦在自己的核心能力圈上，价值唤醒是通过自己的名字和标签去唤醒别人的价值期待和愿景。起名的过程，其实就是一个复盘、梳理自己的过程。你给了自己一个自我认同感很强的标签，它就会不断强化你自己坚持的方向，还能达到唤醒他人的目的。

每个人的特质不相同，都是独一无二的存在。虽然，即便参考以上的建议，我们也不一定能做到绝对完美，但依然可以作为我们实操过程中的一个指引和参照。

写好个人简介的方法

在尝试打造个人IP的过程中，很多朋友受困于不会写个人简介。大部分的人最容易陷入的几个误区是：不删减、不相关、不递进。

第一个误区：不删减

我看过很多朋友写的个人简介，内容很多，就是一个很简单的信息罗列。这其实只是完成了第一步，只是打了一个草稿，算是一个个人简介的素材。这些人不懂得删减，难免做了一份未真正完成的个人简介。

当然了，如果反过来，你不全面扫描和梳理自己，连重要信息都罗列不全，只是随便写，那也是不行的。因为你会漏掉本不应该漏掉的重要信息。所以，先做多再减少。

第二个误区：不相关

你的简介列出了很多点，但是没有核心，看不到点与点之间的关系，让大家觉得你什么都可以，实际上就意味着什么都不可以。其实你是有核心的，只是你在写简介的时候，没有围绕着简介的意图去做相关性的梳理。

第三个误区：没有层层递进的关系

没有递进关系的简介会让人觉得很乱，层次不清晰的简介是很难给人留下印象的。我觉得基于下面四个层次去梳理会比较好：

第一个层次，就是用一句话来概括你最能解决的一个问题，也就是要把你的核心标签和专业背书放在第一位。

第二个层次，就是支撑你最能解决的一个问题的权威认证。也就是说，你拿到过什么样的结果。

这点很重要,能增强你的吸引力和说服力。比如,你是某知名培训学校的首席讲师,又是世界记忆大师,两者一个是你的信誉背书,一个是你的专业背书。这个时候,你就要去梳理,哪一个才是最重要的。

和你的人设结合起来,把更符合人设的背书和你最能解决的一个问题写在前面。相关性不强的或者完全不相关的背书,就没有必要写,免得大家对你认知模糊。

第三个层次,就是用户链接你能得到什么。也就是你 slogan,你的价值使命。

我们在写简介的时候,不妨先列一下用户究竟能获得什么"点"。先做多,然后再去做删减,最后留下一个最能够高度凝练的概括。那就是你的 slogan,你的价值使命。

当然了,第二层次和第三层次的位置,并不是固定不变的。如果你的经历或案例比你的专业背书和权威认证更强、更重要的话,其实也可以把它放在前面。

第四个层次,就是你的专业人设具体体现在哪里。这就要用你的资历和操刀过的典型案例进一步去佐证。比如,刘 sir 从事内容行业 20 年,带领团队与头部大 V 合作过,这些都是能体现我专业性的具体点。图 2-4 是个人简介写作图。

一般来说,自媒体账号上个人介绍位置都有字数限制,并没有那么多的空间去写个人简介。所以,在按照上面四个层次写完简介之后,你可以根据不同账号的具体情况去做适当的调整,而那句 slogan,你可以根据情况选择感性一点,还可以出于具体价值的诠释理性一点。

误区
① 不删减
② 不相关
③ 不递进

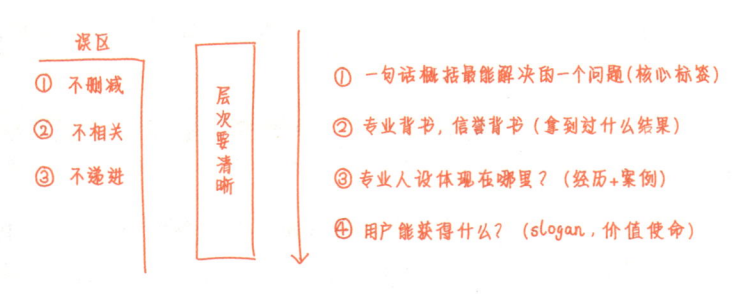

层次要清晰

① 一句话概括最能解决的一个问题（核心标签）
② 专业背书，信誉背书（拿到过什么结果）
③ 专业人设体现在哪里？（经历+案例）
④ 用户能获得什么？（slogan，价值使命）

图 2-4　个人简介写作图

比如，如果你是用在宣传资料上，那个人简介可以更翔实一些；如果只是用在自媒体账号上，简洁一点也许会更好；如果你要做一场演讲，用在 PPT 里，那你可以专门有一页特别突出那句偏感性的 slogan；如果你做的是一个偏文艺一点的账号，你就可以把这句感性的 slogan 突显出来。总而言之，我们要懂得灵活变通。

在做个人简介的时候，特别需要记住的一点是：一个字不多，一个字不少。因为用户的注意力是有限的，你写太多，大家没耐心看完。有的朋友，个人简介可以写满满一页，什么都有，可是用户根本不会看。

要删减，删减，再删减，直到不能删减为止。能用一个字表达的，千万不要用两个字，这是写好个人简介的基本原则。大家可以看看我的个人简介，在抖音账号里只有四句话：

出版人，内容共创模式发起人。

合生载物创始人，"书香学舍"主理人。

磨铁图书原首席战略官兼运营副总裁。

专注内容行业 20 年，2000 ＋书课赋能案例。

第一句话,"出版人,内容共创模式发起人"是我的核心标签,也是我的专业背书。

第二句话,"合生载物创始人,'书香学舍'主理人",是我能为 IP 做书课赋能的权威认证。

第三句话,"磨铁图书原首席战略官兼运营副总裁",磨铁图书是国内最大的图书公司之一。它进一步强化了我的专业背书。看到这样的标签,对想要找我出书做课的老师来说,就更能突显我的权威性。

第四句话,"专注内容行业 20 年,2000 ＋书课赋能案例",中间这两个数字,对大多数人来说,可能比我跟那些大咖企业家的合作更有意义。所以,我把资历年限相关的数字放在了专业背书之前。

但是,我并没有在这里提及具体的案例和合作过的大咖名字,因为在我的置顶的人设短视频里,都已经有所呈现,没必要在这里刻意重复,这也体现了卖点文案利用不同场景搭配的意识。

比如,在用于演讲的 PPT 里呈现我的个人简介,我可能会把"成就想要成就他人的人,影响有影响力的人"这样更感性和愿景式的 slogan,专门做放大和突出。所以,在写个人简介之前,你需要因地制宜,考虑应用的场景和场合。个人简介不只在一个地方呈现,所以你的个人简介也不应该只有一个完全不变的版本。它跟你的短视频上的一句话介绍以及你的 IP 名字都是有相关性的,值得有层次地去体现。

在我的短视频里,我为什么要把我的人设短视频置顶?因为但凡看过我的人设短视频的人,会进一步看到我成长的过程,能激发他跟我产生更强的链接。它与我的简介形成层层递进的关系。对这个行业有一定程度了解的人才会关注我。

我之前很少在镜头前露面，大多数用户对我并不了解，现在我想通过短视频破圈，所以要突出我最厉害，用户觉得跟他关系又最大、最感兴趣的那个点，然后再去说我能为大家提供什么价值。

你能提供什么价值，对你的 IP 打造非常重要。Slogan 的设计，是要用感性的方式来设计，还是用理性的方式来设计，其实都取决于你提供的价值是什么。

那么，是感性的能量更能够激发人，还是实在的利益更能吸引人？当你所做的事情具有绝对的稀缺性，你的价值感足够强大的时候，其实就没有必要在意感性还是理性，实实在在亮出你能提供什么就好。

从我给老师们打造一书一课的角度来看，我有 20 年内容行业、6 万小时的积累，出版人，内容共创模式发起人，合生载物创始人，"书香学舍"主理人，磨铁图书原首席战略官兼运营副总裁，这些资历的背书，本身在当前的某个节点就具有较强的稀缺性，所以我在账号里就用这句进一步诠释"内容共创模式发起人"，来替代偏感性的、有使命感的 slogan。如果你的定位没有那么强的绝对稀缺性，就用一句体现价值使命感的 slogan 来做区分。

从图文语言到口头语表达的逻辑

人类最早的信息传播方式是口头语言。早期人类都是通过面对面的语言交流，实现人与人的协同合作的。随着人类群体属性的不断增强，人的沟通需求不再局限于面对面交流，而是需要跨越时间和空间进行信息的传递。于是，人类历史上出现了图形符号和文字。进一步发展之后，就有了书籍这个载体。在过去几千年的发展中，人类社会跨时空的信息交流一直都是以图文语言为主导的。即便在互联网快速发展的很长一段时间里，图文流量还是占主导地位。

随着短视频和直播的快速发展，网络流量出现一个明显的趋势——视频和直播流量已经逐渐占据了绝对主导地位。这意味着信息传播和交流的载体再次发生变化，从图文语言重新变成了口头语言。这是语言表达方式的一次回归，但它是一种更高级的回归。这将是一个长期的不可逆的趋势，是一个全新的未来的开始。

未来的某一天，虚拟现实技术会变得很成熟，元宇宙时代会降临。到那时，人与人之间口头语言的信息交流与传播会变得更丰富、更有意思。我觉得，这是一个跨时代的转变，短视频和直播也只是其中的两种语言形式而已。

我最早是在网络上发掘老师，帮他们出书，以书籍为载体做知识变现，以书籍为载体跨时空传播人类的知识文明成果。

随后，我跳出图书出版行业，投身知识付费领域，依赖各大平台的流量以音视频课程为载体传递知识。这个机会不属于每个人，因为门槛是比较高的，可以预见的知识付费市场规模也还是不及图书市场。到现在，短视频和直播蓬勃发展，每个人都可以通过短视频和直播获得流量，通过视频课程、咨询等多种形式去做知识变现。这个时候，可以预期的知识付费的市场规模，我深信是万亿级的。

因为，知识成为最重要的生产要素。其中的变化，是需要我们认真思考的。过去，我们会等一本书畅销之后，再把它转化成视频或者音频内容。但是知识付费兴起之后我们发现，很多老师都是通过视频、音频的口头语言与用户交流，先做课，然后再把它转化成文字语言去出书。

比如郭德纲，他还有一个身份，那就是畅销书作家。他就是把相声中的口头语言演绎得很好之后，才会出书，而且销量都不错。因此，他成了很多出版公司争抢的对象。

这样一种趋势是文化传播的进步。在未来，可能会有越来越多的人以短视频和直播作为入口，先做课后出书，最终变成畅销书作家。这样的趋势之下，是属于每个人的巨大机会。坚定地拥抱短视频和直播背景下新的口头语言表达时代吧。这个能力，谁先练就，谁占先机。短视频和直播下新的口头语言表达能力，已经越来越成为人与人之间拉开差距的最重要的一种能力。

那新的口头语言和图文语言各自的特点究竟是什么呢？首先，我们来说说新的口头语言的三个特点。

第一个特点是，真实性更强，表达更立体

新的口头语言不只包含说出来的话，还包括人的动作、语言、表情，能够呈现更丰富的信息。它比冷冰冰的文字更能传递真情，更能有效地拉近人与人之间的心理距离。如果你说出了别人没能说出的话，说出了别人想让你说出的话，那说明你说得更高级，更有感染力。

第二个特点是，互动性更强

互联网技术日新月异，现在有了短视频，有了社群，有了更多的工具，所有人都可以跨越空间，在直播间互动、提问，这样的学习效果其实是更好的，信息传播的趣味性也更强。如果你说出别人需要你帮他说出的话，说出了别人想要借来用的话，那说明你来说更妥帖、更权威、更客观、更公允。

第三个特点是，有很强的即时性

看书的时候，没法及时得到反馈，你只能自己去思考，书只能起到单向激发你的作用。但是在社群和直播交流中，即时反馈的速度很快，效率很高，把学以致用的效能发挥到更大。在我的直播间里，有时候我说的故事，就是他们想举的案例。大家找我提问，我都及时给大家反馈，帮助大家解决问题。

你说得更高级、更有感染力

你来说更妥帖、佐证更权威

你来说更客观、更公允

你的故事就是他想举的案例

那么，图文语言的特点是什么呢？

第一个特点是，表达更加精练，精准度要求更高

正是因为图文语言没有口头语言那样的真实性和立体感，所以需要有更高的精准度，这样才能确保传播出去的信息更加清晰，减少不必要的偏差。

第二个特点是，更加抽象化

通过图文语言交流时是看不到彼此的，是在隔空对话，因此是抽象化的，让人去想象图文背后的情感。所以说，通过图文语言，我们可以提升抽象化思考的能力。很多"学霸"就是通过图文学习的，他们觉得这样学习效率更高。这也是我在课程中加入思维模型图的原因。

第三个特点是，回味度更强

图文语言不像口头语言那样张口就来，特别是大师的作品，每一句话都是反复推敲而来的。虽然不是每时每刻都能看到闪闪发光的金句，但还是能从书里看到他最重要的理念，这些是很值得回味的。

总而言之，我们需要了解语言表达的特点，要重视口头语言的回归，但是也不能完全忽视图文，不能与图文完全割裂开。在这个发展趋势中，我们要把新的媒介工具和图文都融合吸收进去，形成各种超越以往的、新的、更高级的表达方式，多维度地呈现我们在专业领域的思考和价值。

了解了图文语言和口头语言的特点之后，我们还有一个最重要的目标，那就是了解语言进化的三大认知。

第一，短视频和直播是一个趋势，而不仅是风口

口头语言的重新回归，是适应时代的需求。只不过，它不再是单纯面对面交流的一种线下的口语，而是一种融合了图形、表格的更高级的口头语言。

第二，从先图文后视频到先视频后图文

过去，基于图文表达占据大量份额，我们往往先有图文，再考

虑视频。现在，短视频和直播流量占据上风，我们也要顺应趋势，先把视频和直播做起来，在这个过程中不断梳理和迭代图文内容，这样做，内容往往更经得起市场考验。在优化完视频化的口头语言，有了相应的沉淀之后，一本书基本上也就成型了。我们可以再通过图书来帮我们破圈，获得更大的个体影响力。

第三，从练习写作到练习表达与交流

过去，我们强调练习写作能力，其实是提升通过图文去分享经验的能力。现在，口头语言表达成为趋势，我们就要练习表达与交流的能力。

写作能力当然也重要，但是表达与交流能力的地位在不断提高。尤其是在经验分享领域，它逐渐成为主流。所以我们也要重新重视起来，每个人都要加强练习。

想做经验分享，需要从口头表达开始，从认识底层逻辑开始。

内容输出变现的四个层次

输入的东西再好，如果没有输出，就是浪费时间去"储存"知识，依然不会运用知识。你有多久没有写过一篇文章？多久没有和他人有深入的谈话？

我能保持成长的核心，并不是我一直在"学"，而是我在做了"学习和阅读"这些事之后，一直在坚持输出。有很多人做经验分享和变现，这个过程中会涉及教与学的两个基本要素。

第一个基本要素是，给学生一瓢水，老师要先有一条河

老师在分享经验、教学生的时候，自己要有足够的积累。因为学生会有很多问题要问，不能一问就被问倒了。所以，在分享的时候，不要讲一知半解的东西，要在自己擅长的领域深入研究。

第二个基本要素是，老师的一条河，源于学生的一瓢瓢水

我常常说，要乐于分享。因为教会学生，就是在提升自己。老师在给学生分享经验的时候，确实是在帮助学生，但在这个过程中，学生也会回馈给老师一瓢水。一瓢瓢水汇集在一起，老师的这条河也会变得更宽广。

输出与输入是相辅相成的，绝对不能割裂地看待教与学。每一次经验分享，都是互为老师，互为学生。把一头大象劈成两半儿，是看不到两头小象的，这是教与学中两个最重要的东西。

了解教与学的两个基本要素之后，我们来看看内容输出变现的四个层次。

第一个层次是，知识变现

这个层次，是新手就能做到的。不是学会之后再去干，也不是会干之后再去教，而是边学、边干、边输出，因为输出本身就是最好的学习。你愿意分享、教别人，别人就乐意给你反馈。而通过输出获得的反馈比通过读书学习来提升能力更重要。

当然，新手利用互联网平台做知识变现，也有三个优势：

第一个优势是，平视视角。意思是你不能把自己当成一个很牛的老师，应该是什么样就什么样，大大方方把自己当成一个新人就好。你跟高手的视角是一样的，和输出对象之间没有距离感，你不会让对方产生压迫感，对方也会更愿意听你说。

第二个优势是，更懂用户痛点。在学的过程中，你会遇到很多的痛点问题。作为一个正在学习的新手，你跟你输出的对象有一个共通点，那就是你对用户的痛点会比那些高手把握得更精准，更能感同身受。在输出的过程中，你还可以进行自查，发现积累过程中遇到的难点和忽略的盲点。这是因为你更懂得跟别人分享痛点，别人也会更需要你。

第三个优势是，更具创新性。作为一个新人，你一直在学习，而且不会背上经验的包袱。你可以用各种各样新的方式去做尝试，尽可能地进行新形式的输出。要知道，在现今的科技领域中，很多创新都是年轻人做的，而在短视频和直播领域，很多起号做流量的厉害的操盘手都是"95后"的年轻人。

第二个层次是，经验变现

一般来说，经验变现是指你变成老手之后所做的内容变现。这个层次与知识变现有什么不同？你的经验更值得被模仿和借鉴，具有更强的可模仿性。

具体而言，它的特点会表现在以下三个方面：

第一个方面是，有更多的自有案例。这些案例都是你亲身经历或者成就他人得来的，你去做分享的时候，会比新人讲得更加生动、可信。你只要做到把这些案例真实地呈现就好。

第二个方面是，有更真实的故事。我之前讲过一个观点：如果你纯粹讲理论，就是用理性拉着受众跟你走；讲故事的话，是让对方不知不觉地跟着你走。所以，你的故事就是你比新人更厉害的资本。

第三个方面是，有更感性的链接。人们是靠理性来认知世界，靠感性来链接世界的。分享经验的时候，你可以把自己的情怀感悟真实地表达出来。展现你的所思所想，道出你的真情实感。这样能更好地链接用户，成为你的优势。

第三个层次是，方法论变现

方法论变现意味着你比一些老手更懂得总结规律，他们是把经验讲给别人听，你是从经验中总结规律提炼出方法论。而方法论可以运用到更多的场景中，解决更多的问题。这个层次的变现，有两个典型的特点。

第一个特点，用思维模型图实现可视化。通过模型图把方法论变得可视化，可以让大家更好地形成记忆，便于从头脑中调取资料。我的每节课中都有一张思维模型图，一共是 100 张。它们能帮助大家把消化理解和调取知识的效率提高 200% 以上。

第二个特点，公式化的表现。利用公式进行知识的总结，简洁度高，理解性强。在我的课程里，有一个很重要的三角同心圆理论，用公式来表达的话，就是：高效投资自己＝定力 ×（能力提升＋经验变现＋个人品牌）× IP 网络效应。

通过公式进行简化之后，大家可以更简单地结构化记忆和调取，也能在更多的场景中把知识加以应用。

第四个层次是，价值观变现

那么，最高级的变现层次是什么呢？就是我常说的价值观变现。价值观是什么？是常识，是心法，是道。那些厉害的人物，比如稻盛和夫、马云、雷军，都说过很多值得回味和细品的话。

稻盛和夫说:"一切始于心,终于心。"

马云说:"让天下没有难做的生意。"

雷军说:"要让每个人都能享受科技的乐趣。"

这些话虽然你听过很多次,但每次听的时候,都可能让你激情澎湃,或者是陷入深思,直到你习以为常。我说顶级的大佬们常常用价值观来变现,正是因为它更容易激发别人的热情,给人带来能量。因为精神之力才是驱动一个人最重要的东西,它比方法论、经验和一些知识更为重要。

想一想你的内容输出是在哪个层次,如果你能做到四位一体,那你的内容变现将会非常厉害。

100 个基本问题

100个基本问题的目的,就是更好地梳理自己的内容输出方向和定位。大多数时候,很多朋友并不知道自己适合做什么,擅长做什么。通过问100个基本问题,我们可以发现自己能帮别人解决什么问题。

要想学会这个工具,只需要做到以下四步:

第一步,要从大众视角去设问

从大众视角设问,就是要求你跳出专业领域,提出破圈问题。这些问题,不是针对圈子里的专业人士的,因为绝大多数专业方面的问题,答案基本都在和你专业相关的工作手册里。

你要解答问题的对象是圈子外的非专业人士。所以,在这个过程中，你要把自己当作一个"小白"，而不是把自己看作行业专家。你要站在普通大众的角度上去设问，这样提出的问题才有普遍性，才能获得更多的关注和大众流量。

第二步，先列问题，不要急着整理逻辑

在梳理100个基本问题时，很多朋友喜欢一上来就给自己设定条条框框，按照逻辑规律去找问题。这样做的问题在于，你一旦给自己定了某个逻辑框架，思维就会被束缚，很难发散。所以，只要先把100个问题列出来就可以，问题列全之前不考虑逻辑。

那么，应该从哪几种方式去发现这100个问题呢？

第一种方式是，大脑360°扫描。意思是说，全面地想一想，你能帮别人解决什么问题。自己梳理一下，想一想自己身边的朋友会觉得你在哪些方面有优势，跟专业相关的、圈外人感兴趣的问题还有哪些。静下来独自理一理，把这些问题都列出来。

第二种方式是，找身边的朋友收集。找你的朋友去做调研，看看你在哪些方面做得不好，哪些方面让人期待，也可以问问朋友，你在哪些事情上是能帮得上忙的。如果你有社群，也可以找粉丝去做调研。记住一点，这些朋友应该是你专业圈子外的朋友，最好是弱关系上的朋友。

第三种方式是，从日常生活、工作中发现。在生活和工作中，如果你养成了发现大众问题的习惯那就好办了。比如，你是一个律师，你客户的朋友不经意间向你提出了一个不那么专业，但又很开脑洞或者有趣的与法律有关的问题。如果你有好奇心、知道做记录，时刻记录一些这样的碎片化问题，那么，这时候就派上用场了。这些就是大众的、潜在客户的普遍问题，你顺手做个解答，那么都是 100 个问题的好来源。

第四种方式是，从自己的工作手册中反推。我认为工作手册非常重要，它不仅可以帮你梳理工作方法和技巧，也能帮你去做反推，帮你找到自己破圈的可能性。

我们帮老师们做一书一课，本质上其实是做定位，而出书和对应的低价课是定位的基准点。这个基准点依托的就是他们的工作手册。我自己做的这个高效投资自己的 100 节课，就是通过我的工作手册推出来的。

第三步，筛选问题

筛选问题只需要问自己两个问题：第一，自己是否能回答？第二，是不是最适合自己回答？

你要解决的问题，必须是你能回答的，也要是适合你的身份、定位的。

第四步，分类归纳

筛选出合适的问题之后，以合并同类项的方式去做归纳整理，把问题分门别类地区分开来。这个时候，你自然而然就会发现你最能解决的是哪一类问题，这个就是你的核心优势领域，也是你一切内容开发的原点。

把这 100 个问题分类之后，向前推可以看出短视频和直播主题方向，向后推可以找到最重要的一书一课以及其他可能变现的产品和服务。

往前推的话，把最核心的大类再细化成几个小类，就可以构成直播的内容主题，进一步把大类再做相关衍生设问或者对标竞品内容的筛选和比对就可以得到更多的短视频选题；往后推的话，如果未来要做经验变现，出一本书或做一门课程，可以在核心大类的基础上再细化地分好小类，构成基本的框架大纲，从而进一步开发成实体的书或课。甚至在更远的未来，你想要做高客单价的课程，基础也就已经找到了。

所以说，100个基本问题的这个工具，可以帮助我们很好地去做知识变现的基本梳理，它是非常实用的。

有很多人，积累了10年才去做知识变现，才去思考这些问题，其实已经晚了。如果你刚刚进入到职场当中，就有意识地基于这个工具去记录一些东西，一边学习一边做知识分享，它就能自然地推动你成为更好的自己。

我们团队在跟很多老师合作的时候，第一件事情就是让他们列出100个问题，我们从中找到大类，并进一步概括总结，梳理框架和重点问题，然后去做书和低课单价的课程。

我给学员做咨询时，也会让他们试着去列出一些问题，从而梳理自己的IP定位。我做24型心理测评工具的时候，也是先做加法，后做减法。甚至在写文案、找选题的过程中，也可以用到这个工具。

图2-5为100个基本问题梳理图。在我看来，梳理100个基本问题的过程，其实是一个很重要的整理思路的过程。把发散思维和逻辑思维整合在一起，这对我们解决很多问题都会有帮助。

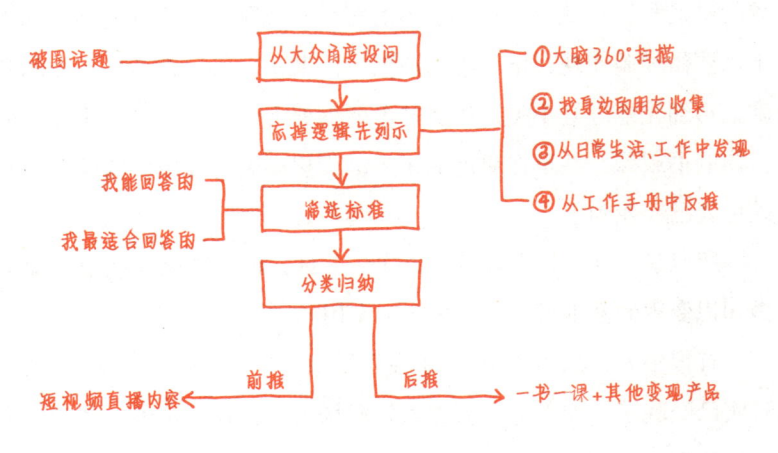

图 2-5　100 个基本问题梳理图

如何搭好输出的框架

对一个人最重要的一本书和一门课程来说，重中之重就是确定主题方向。确定主题的方法有两个：第一个是找到最核心的优势；第二个是 100 个基本问题的反推。

确定主题方向之后，你要做的是再重复一遍 100 个问题的设问方式，这样做的目的是进一步细化问题，进一步做 100 个问题的设问。找到这 100 个问题之后，我们还是要用到分类归纳、合并同类项。只不过，这次的分类归纳要分三个层次。

大家可以看看图 2-6，我们要在主题与 100 个问题之间设置三个层次的归纳。

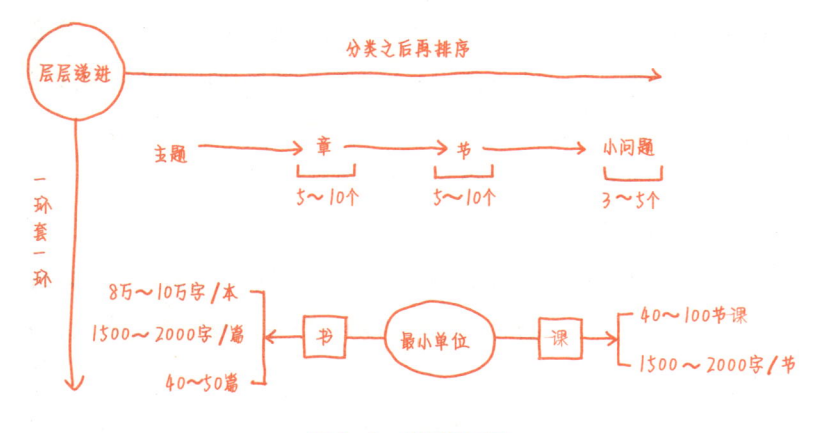

图 2-6　书课框架图

第一个层次是大类，我们把它叫作章；第二个层次是单节课的主题，我们把它叫作节；第三个层次是小节之下，我们要进一步去提的3～5个问题。这里面我们要注意"结构"这个问题。这个结构是一个大类层层递进，小节层层递进，小节之下的3～5个小问题也是层层递进的关系。它是先进行分类之后，再进行排序，排序之后再思考问题之间一环套一环关系的过程。

图书和课程框架的评判标准，就是要有非常清晰的逻辑结构，因为用户是记不住单点知识的，体系才能给用户留下深刻印象。

所以，一本好的图书、一门好的课程的生产，要在逻辑上做到位。从合并同类项开始，就要考虑整体的逻辑性。你理顺了逻辑，可以顺着逻辑更准确地增加或删减问题。

在梳理框架的过程中，还会涉及一个重要步骤，那就是回到用户中再去做调研，进一步分类收集和完善补充框架。

以我个人多年的经验来看，一般来说，一本书的整体框架按5～8章为宜，最多10章；总共40～50个小节即可；单篇小节

1500～2000字，总共8万～10万字为佳。这个体量的图书，最适合大众读者阅读。因为大众知识分享类图书需要适应读者快速阅读的习惯。

那么，一套课程的体量又是怎么样的呢？给大家介绍一个我从实践当中总结出来的基本原则。

一个低客单价的视频课框架，40～100节比较合适，这样定价也比较合适；视频课单节1500～2000字即可，对应时长是5～7分钟。

大众化的书和课的基本体量大概就是这样，在做书和课的时候，两者不要分割开来。一书一课，同步运作，可以把课程节数合并压缩、删减，做成书的框架，书的每个小节内容可以在课的基础上做一些适当的替换和优化，让它们的表达更符合口头语言的表达体系。这样的话，两者可以整体规划，同步生产，大大节省老师的时间。

如果你未来要做一书一课，就要先了解做书和课的框架，这是非常重要的。我有很多朋友觉得搭框架很难，实际上，根据我上面讲的方法，你完全可以自己把课和书的基础框架给搭建起来。如果有专业人士帮你做一些市场的指导，那就更好了。

如何才能搭建一个有灵魂的框架？我总结了以下四个步骤：

第一个步骤，要理解为什么做这个选题，这个选题是什么？

你要读题，当你把这个题读深了，你才会理解这个选题点，你才会发自内心地热爱，这是原动力。

第二个步骤，弄明白用户想要读到什么。

你要思考，作为一个普通读者，最希望能从这本书里解决什么问题？

第三个步骤，搞清楚最重要的标签是什么。

把你最重要的标签反推出来，清楚你能够给大家提供什么样的价值。可以从你之前写的文章里看出有你特点的标签，看市面上这个选题的文章，目的是看到读者想要的是什么。最重要的标签反推出你最能讲的问题。

第四个步骤，搭建框架。

为什么有的人搭建的框架不理想？就是因为少了前面三个步骤。直接做框架搭建是做不好的。前面三个步骤是最有创意的，也最能够看出你的探索精神。做好前面三个步骤，再结合市场调研和50～100个问题，就可以搭建一个好的框架。

其实我们的团队就是按照这个模式去帮助老师们做他们最重要的一书一课的框架的，大家也可以应用起来。

我始终认为，一本最重要的书，一门最重要的课程，是知识变现的原点，正是因为它们的存在，才会有后端的变现，也才能有前端更确定的短视频和直播策略。如果你做得足够好，那就会有被动流量，因为你的短视频和直播，包括书会有更多用户替你传播，流量会主动链接你。尤其是超级畅销书，往往能够撬动KOL、其他IP们，还有图书渠道商们帮你主动拓展个人品牌边界。因为书是IP与IP之间互推，人与人之间互动交流的硬通货。

当然，从策划人的角度来说，我有一个筛选老师是否值得合作的评判标准：如果跟老师聊了3～5分钟，我说不出对方能做什么课，基本上合作就要非常慎重。因为我会觉得他职业道路上很可能走过没必要的弯路。这是一个职业定位的问题。

所有书和课的框架搭建，都是在不断做减法和反推。书、课结合工作手册，会成为推动大家持续精进的工具。加油！

写作练习的方法

有很多朋友,是为了写作而写作,随便找一个写作模板就开始写。他们并不了解,写作是工具和手段,而不应该是目标。你要写作,也应该是基于你想表达的东西去写作。如果把写作当作目标,你的写作过程会很痛苦,因为你不知道自己最想表达的是什么,而且心中无物,这怎么可能写好?图 2-7 为长文写作逻辑图。

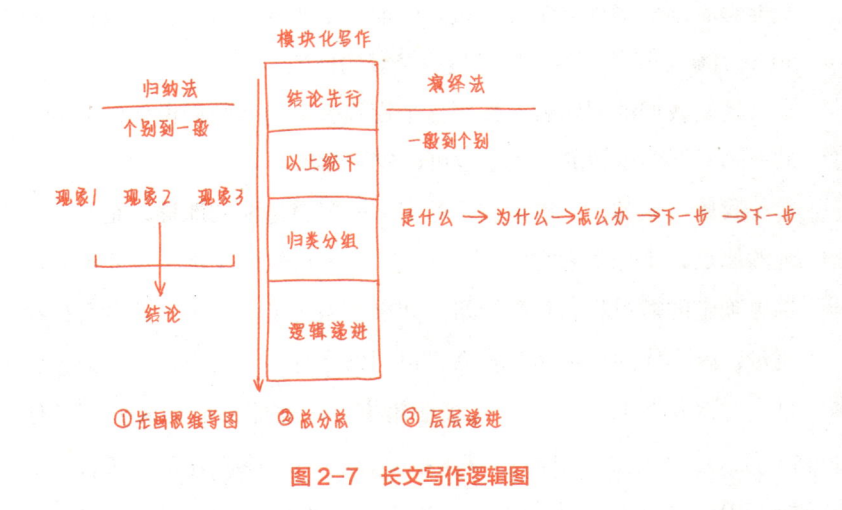

图 2-7 长文写作逻辑图

对普通人来说,练习写作的目标,我觉得首先应该是追求快乐。你能快乐地写作,才能一直坚持写下去。

那怎么才能练好写作呢?作为指导了老师们写作 20 年的行业老兵,我很希望每个人都能真正进入到高效练习写作的状态。

在开始写作之前,你要去积累素材,这是非常重要的。那应该积累些什么?你可以注意以下几点:

第一点是，经典故事和案例。

听到一些经典的故事和案例，要把它们记录、积累下来。在生活中，你听到一个段子，或者你朋友身上发生的某个故事，都可以收集到你的素材库里。故事源于生活，而且生活远远比小说更精彩。可以说，生活是你最好的素材库。

第二点是，走心的"金句"。

在很多电视剧、电影、书籍，包括一些名人说的话里，甚至你在刷短视频、听直播、朋友间的交流里，都可以发现很多经典的金句。

德川家康说："人的一生犹如负重致远，不可急躁。以不自由为常事，则不觉不足。"

曾国藩晚年，在他的居所富厚堂门前有一副对联："战战兢兢，即生时不忘地狱；坦坦荡荡，虽逆境亦畅天怀。"

王兴说："太多人关注边界，而不关注核心……万物其实是没有简单边界的，所以不要给自己设限。"

这些都是我在日常生活中积累到的金句。

第三点，我们要持续积累好的写作套路和模板。

这方面的积累，需要你更加用心一些，因为它不是一眼就能看出来的。你要在读文章、看书的过程中，主动去总结。

其实，很多写作都是有套路的。比如，传统的武侠小说，往往是一个少年从小身负血海深仇，然后遇到一个心心相印的美女。之后，他会掉到一个山洞或是误入险境，在那里遇到高人，不仅得到了什么灵丹妙药，还得到了武功秘籍或是宝典。他的功力不断变强，终于成了天下第一。他不仅报仇雪恨了，还最终抱得美人归。这就是武侠小说比较常用的套路。

此外，还有一些常见的方法论。比如，平时多观察，多分析，从读者感兴趣的方面着手写作，往往更容易写出爆款内容，这也是写作的套路之一。

在学习写作的过程中，你会发现有很多这样的套路和模型，写软文的模型，写故事的模型，做课程稿的模型，等等，你把这些东西都积累下来，对你的写作是有帮助的。

根据我多年的积累，我总结了练习写作的三个方法。

第一个方法是多看。你想写小说、写软文，要在某个领域去写作，首先要去多看，看看别人的写作方法、写作逻辑是什么，看看别人是怎么描述场景、设计情节的。你站在巨人的肩膀上，会更快地学会写作。在这个过程中，你要运用你的搜索力，去找到那些真正需要多看的东西。

第二个方法是反复练习，练100遍。很多刚开始尝试写作的朋友，会积累很多种模型，这其实是误读了积累。我觉得，实际写作中，你往往只需要选择一种适合的模型，不断地去练习就可以了。

这里面，又有两个原则：

第一个原则是，把一篇文章打磨100遍，写到足够好，你就有了最高的标准。

第二个原则是，把一个套路练习100遍，每一遍都换不同的案例和内容，用相同的套路写不同的故事，这样就能做到融会贯通。

通过反复不断地练习，你的写作能力会有很大的提升。

第三个方法是采用"总—分—总"的结构模式。无论你做视频课程还是音频课程，首先要明白一点，口头语言是线性地往大脑里输入东西，它不可能像读书一样可以一目十行。所以，在这个结构中，多次提醒重点是很重要的。

文章的开头，先写明要写的主题是什么，然后层层递进，按照基本顺序写下去，最后再做出一个总结，一篇"总—分—总"结构的文章就写好了。

把这个最基本的套路练会，一共有六个步骤：

第一个步骤是，用热点或经典的故事、案例做开篇，做抓手，抓住用户。当然，最好是用短小精悍的文字引入，不要有废笔，有时候一句话都有可能阐述了一个故事。尤其是对短视频脚本创作而言。

第二个步骤是，通过前面的故事引出问题。问题要确保本身有吸引力，这是大家关心的问题，是能引发共情和思考的。因此，问题值得我们用心提炼，做到尽可能大众化，尽可能有痛感。它通常是我们整篇内容的靶眼。

第三个步骤是，给出基于问题的观点和结论。有了问题，你要做一下总结，给出一个自己针对靶眼的核心结论，然后再逐步引出后面的答案。所以，好的观点、结论往往能有颠覆感、新鲜感，哪怕仅仅只是因为表述方式上的不一样。

第四个步骤是，展开给方法。有了问题，当然要有解决办法。这一个步骤的具体展开是这样的：你可以用方法一、故事一，方法二、故事二，方法三、故事三……层层递进地呈现。

第五个步骤是，再次感性总结。感性总结的目的是提升用户的获得感。

第六个步骤是，进一步向你的用户提问。要知道真正好的内容，不只在于你给出了多么特别的观点，提供了多么适用的知识，更在于你激发了大家多大程度的思考。

这就是一个我给普通人提供的写作练习方法，也属于所有知识类内容生产相对完整的基本框架。写作也是万变不离其宗，无非是有的省略了故事直接用问题开篇，有的直接把观点当开头，或者最后想不到好的互动问题，直接以感性总结结尾……它非常实用，有需要的朋友都可以用起来。把这六步的基本套路模型玩透，你就能一通百通，对普通人打造个人IP、做经验变现的写作基本功也就够了。

如何在专业领域成为他人的教练

我在做IP全链路咨询的过程中，越来越意识到教练艺术的重要性。因为人的个性化需求越来越强，人也越来越关注自我。在未来，它会变得越来越重要，这是客观的需求趋势。

那么，真正厉害的咨询师应该具备哪些素养？我总结了关于咨询的四个重点内容。

第一个内容是，咨询师和教练要有自己的基本方法论

每个咨询的教练都要有自己的基本方法论，也有必要构建自己成型的思维模型图，可能还要有自己的课程和书。这是一套完整的体系，想用的时候随时可以拿来用。如果你没有这个体系，是很难做好咨询的。

在我看来，最基本的方法论，就是顺着用户的需求去提问，这恰恰是大多数人不具备的能力。用户找到你，是要解决问题，不是听你上课的。只有他自己认可的东西，他才会尝试去改变，这就是要顺着用户需求去提问的原因。

我遇到过的所有厉害的咨询师，都是提问的高手。能让用户自己给出答案，这个非常重要。他们知道，不能教用户怎么做，而是要引导用户，让用户觉得这是自己想出的解决方案。

而且，在用户做出改变时，咨询师会从细节上去肯定和鼓励他。这能强化用户的正向行为，持续地做出积极的改变。当然，只有基本的方法论还是不够的。

第二个内容是，要坚持关于咨询的三个原则

第一个原则是，能不给答案，就不给答案。

为什么这么说？因为你不是那个该给出答案的人，你无法100%做到感同身受，你无法100%还原用户实际面临问题的每一个真实的细节，而且，你无法为用户的未来100%负责。所以，应是用户自己找出答案，做出决定。你不能介入其中。

第二个原则是，不做绝对化的结论，只给参考。

没有绝对正确的答案，这是教练和咨询师应始终铭记的准则。绝对化的结论是不负责任的。一个给出绝对化结论的教练、咨询师，恰恰说明在专业性上是不足的。

第三个原则是，授人以渔，而不是授人以鱼。

你提供咨询的目的，应该是让用户以后不再去咨询，而不是让用户对你产生依赖和膜拜，持续地给你付费。所以，一个真正的咨询，其实是给对方思维工具和模型，让他能够利用这些东西自己去解决问题，这才是你成功的表现。如果用户对你产生了移情和依赖，这不是真正地解决问题。这样做的结果很可能是，解法比问题更可怕。从站在更高的标准角度来说，那是不道德的。

很多新手之所以在给用户做咨询时出现问题，就是因为他们不

了解咨询的三个原则。

第三个内容是，懂得咨询提问的四个基本方法

第一个方法是，要问三个"为什么"。

先问三个"为什么"，是从表层问题深入到本质问题。一个咨询师要有能力去识别用户的表层问题，通过提问去找到真正的问题。

第二个方法，是要问三个"怎么办"。

提这样的问题是让用户自己去感受，他怎么做才是真正合适的。因为第一时间跳出来的答案，看上去正确，往往经不起推敲。多问几个怎么办，往往能识别出第一时间蹦出来的想法是否靠谱。你可以想一想，如果用户来找我们做咨询，问自己一个怎么办，马上就知道答案了，那他为什么还要找我们呢？

第三个方法是，要抓住细节做提问。

很多时候，用户来咨询，其实是陷入了当局者迷的困局。有些问题他已经看到了，可是不知道怎么解决。或者说有人告诉他应该怎么做，可他就是不愿意相信。对于这种情况，你要多抓住一些细节做提问。要知道，咨询并不是帮助用户直接解决问题，而是让用户真实地面对自己的问题，不要再去逃避了。

第四个方法是，要识别假性答案和假性问题。

为什么会有假性答案和假性问题？因为有很多人会自己骗自己。很大程度上，他认为的答案和问题，不过是一种自欺欺人的假象。面对这样的人，你要多问几个问题。问清楚了，那些所谓的问题几乎都不是问题了。

以上，是咨询提问的四个基本方法。下面再跟大家分享一个重

要的观点：所有的答案都是可以通过问题推导出来的。

很多人应该都玩过一个游戏，通过提问来找答案。比如，别人问你，你知道他在哪里吗？你可以问他，你在地球上吗？你在东半球还是西半球？你在中国吗？你在中国南部还是北部？你在中国东部还是西部？通过这些问题，你可以逐渐缩小范围，最终推导出正确的答案。

所以，一个合格的咨询师，一定是善于推导提问的高手。

第四个内容是，懂得线上长周期咨询的三步法

大家都知道，受传统文化的影响，中国人大都比较含蓄，觉得找人做咨询，特别是心理咨询，是一件很不光彩的事。所以很多人更愿意采取线上咨询的方式，而不喜欢面对面的咨询。

线上的咨询，想必大家最想了解的是如何做好长周期的陪伴式咨询。这种咨询一般会持续一个月到一个半月或者三个月。这样的咨询应该怎么做呢？我可以给大家提供一套咨询步骤。

第一步，先做认知重塑。对于需要长周期咨询的用户，你不要一上来就想着去解决他的问题。这样的用户，在认知上是有很多卡点的，你要先获得对方的认可，然后再360°地跟他探讨，扫描他认知上的所有卡点，让他自己说出他的问题。通过让他直面这些问题，来重塑他的认知。

只有在建立新的认知框架之后，你才能去考虑具体的行动。这个过程，通常需要一到两周的时间。

第二步，行为重塑。在这个阶段，主要是从行为方面进行重塑，改变用户的行为习惯，需要耗时三到四周。

具体而言，这个步骤又可以分为三小步去完成。

第一步，设定目标，达成共识。你们共同把目标定出来，用户发自内心地认同这个目标他确实可以达到，才有意义。所以，目标过高、过低都不合适。

第二步，拆解目标，从最小单元看正反馈。为什么要拆解目标？因为需要长周期咨询的用户多多少少都有点不自信，你把目标拆解到足够小，让他从每一个小点里得到正反馈，他才会愿意改变。在每一次的鼓励中，用户会逐步有自主动能。

第三步，重塑习惯，行为纠偏。所有需要咨询的用户，最终改变的，都是自己的行为习惯。他们在改变中获得了不一样的体验，于是会一直坚持下去。当然，要21天才能养成一个习惯，所以这个过程还是比较漫长的。

在完成行为重塑这个步骤之后，大部分咨询师就可以说完成了自己的工作，但是负责任的咨询师，还会继续进行第三个大步骤，那就是帮用户进行认知跃迁，设定自主升级的新框架。这个过程，需要一到两周的时间。

为什么要做这项工作？因为用户之前的改变都是在咨询师的帮助之下完成的，咨询师需要帮用户建立更高级的认知框架，用户才能真正离开咨询师。咨询师陪用户一到两周，等他彻底离开自己，这个咨询才是彻底完成了。

一个好的咨询师，不是靠用户对他形成长期依赖来赚钱，而是靠用户重获新生之后给他介绍新的用户来赚钱。他赚的不是陪伴的钱，而是认知的钱。

上面这些内容，就是我在咨询方面给大家提供的一些原则和方法，能做到这些，就算你达不到高级咨询师的水平，你也会是一个很好的教练，能帮别人解决难题。

如何写好工作手册

工作手册非常重要，很多朋友也一直在问应该怎么做工作手册。首先，大家要知道的一个观点是：工作手册的原点，是每天碎片化的记录。没有每天的细小积累，你是没法做好工作手册的。其次，在每天碎片化记录的基础上，进行每周系统性的总结归纳。以周为单位，做系统性的总结，梳理重点，然后不断地填充和完善你的工作手册。

在这个过程中，你可能会遇到一些问题，我把这些问题分成三类：

第一类，矛盾性的问题，要深入思考。

跟你的工作手册上记录的一些方法论相矛盾的问题，你需要进行更深度的思考。这种矛盾问题点，恰恰是我们成长过程中最重要的机会点，工作手册就成了助推你关键性成长的工具。否则的话，你就会陷入迷茫。关键性问题不解决，你很难有大的跨越。

第二类，得不出答案的问题，要做好标注，知道向谁去请教。

有些问题，你不一定通过自己找得到答案。这个时候，你可以在工作手册里标注出来，下次遇到相同的问题时，就可以找人去请教。当然，你要知道自己该向谁请教，请教的对象很重要。如果你没有自查，没做标注，下次再遇到同样的问题时，你可能还是会忽略。

第三类，无法归纳的问题，列为其他，等相关问题多了再单独归纳列模块。

有的时候，你遇到的问题不属于工作手册中归纳出的任何一类问题，那该怎么办？如果你觉得很重要，那么可以把它列为其他，等相关问题多了的时候，再单独归纳，列出一个独立的模块。这时，你再去梳理一遍流程，也许你之前梳理的模块就可以有所改进和优化了。

这就是我们每周进行系统总结时，需要关注的几类问题。做工作手册的一项重点工作就是要把工作按流程分段、分模块，这是至关重要的事情。很多朋友每天都在做各种各样的记录，写了大量的笔记，记录了一大堆资料，可实际上并没有对个人成长起多大作用，因为它们都是碎片化的信息。放在那里久了，也就忘了。

以我在公司主导的工作手册为例，就包括公司的价值观，选择老师的标准，找老师的路径，如何跟老师谈判，怎样指导老师做课程大纲，如何指导老师创作，如何帮老师润色稿件，如何指导老师录制课程和写推广软文，怎样在上线之后做营销等一系列的模块。

创建公司的工作手册，这是首先要做的工作。按照流程顺序进行模块分类，工作手册就有了一个骨架，以后有什么内容，都可以逐步补充进去。

每周系统性的总结，对员工来讲，就是把成长中最重要的心法分别归入相应的模块。你的工作手册要持续更新，让它始终保持最高的标准。图2-8是工作手册图。

当公司新来了一个员工，我只要把这套工作手册拿给他，他一看基本就能上手操作，这不比我一个个地教轻松多了吗？

当然，在做工作手册的过程中，要遵循四个非常重要的原则。

第一个原则，工作手册要层层递进地分模块。

你的流程和模块，要有层层递进的关系。你可以按照时间顺序、重要程度进行分类。总之，要有一个逻辑顺序，这样内容才足够清晰。没有逻辑顺序，你脑子里的东西都是散的，你自己记不住，也很难跟别人讲清楚，工作手册做出来也没有多大价值。

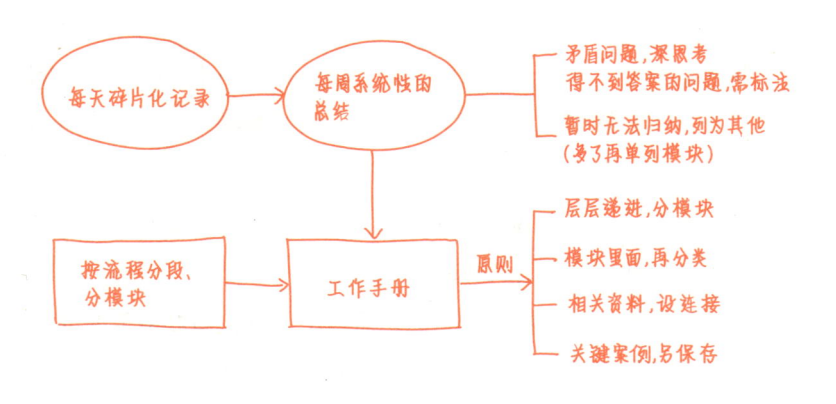

图 2-8 工作手册图

第二个原则，模块里面再分类。

很多时候，工作手册里的一个模块中，会有很多问题，你还是可以层层递进地分出几个小类来。这个过程，其实就是做思维导图的逻辑。你从一个问题里引出几个新问题，再从几个新问题里分别引出另外几个问题，问题套着问题，问题越细，分类越清晰。

第三个原则，相关资料设置链接。

一个文档中，不可能写完所有的东西，一些关键资料，你可以把它以链接的方式存储。

第四个原则，关键案例另外保存。

一些关键的案例，你也可以把它另外系统地保存起来。实际上，你的工作手册不只是一个 Word 文档或者一个表格文件，而是一个整体的系统。你可以用网络上的各种工具，比如石墨文档、飞书等，来做你的工作手册的载体。

工作很多年之后，如果这个系统里的资料都能很好地保存的话，你在调取信息的时候就会很方便。这个工作手册，对你在未来专业上的精进是非常重要的。

我的这本书，就是基于我的工作手册，反推出来的。在写书的时候，我并不会觉得有多麻烦，因为这些内容都是我在实战中总结出来的。

工作手册是一切个人能力的起点，它是串联能力提升、知识分享、变现，再到打造个人品牌最重要的杠杆。

工作手册能反映你核心能力的积累情况，对你做好最重要的一件事，解决好最拿手的问题至关重要。它是属于你自己的。千万不要说公司让我做，我就去做，你觉得这是给公司做贡献。其实，你是多了一个重要工具来提升自己的能力。把它大大方方地给别人看，别人也偷不走。何况输出是最好的学习，别人给你反馈，其实也是对你认知的迭代。所以，你想走得更远，试一试开放你的工作手册吧！

03

可持续的超级个体进化原则

只有终身学习，才能终身成长。对于一个超级 IP 来说，只有终身成长，才能长青不衰。

超级 IP 最核心的能力

你知道一个超级 IP 最重要的能力是什么吗？就是他的现实扭曲力场。

很多人会觉得是专业度、稀缺性、分享力和价值观。没错，这些确实都很重要，但想借此成为长久的超级 IP 却很难。很多人都说史蒂夫·乔布斯身上有一种现实扭曲力场，但是一直没有搞明白它到底是什么。

那什么是现实扭曲力场呢？它是基于超级强大的价值观和意愿，从能够扭转他人对事物看法的能量中展现出来的气场。简单地说，本来我觉得某件事是不可能实现的，但是跟你在一起合作，我逐渐被你感召，最后相信这件事是可能实现的，我会认为自己一定有这样的能力。

图 3-1 体现了超级 IP 核心能力，超级 IP 核心能力就是现实扭

曲力场，它由三个基本要素构成。

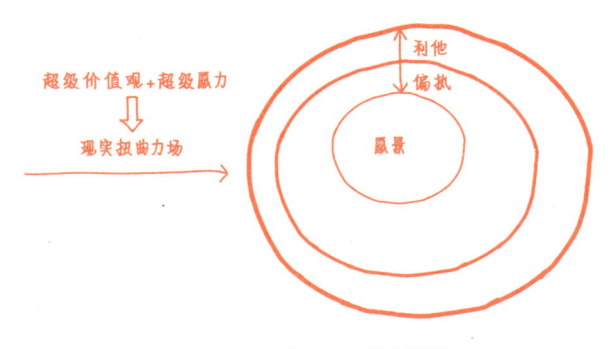

图 3-1 超级 IP 核心能力

(图中文字：超级价值观+超级愿力 ⇩ 现实扭曲力场；利他、偏执、愿景)

第一个基本要素，强大的价值愿景

真正强大的现实扭曲力场，其实源于强大的价值愿景，也就是你的价值观的高度。你的价值观足够高，才能够有足够强的愿力。

追求不够大，没有人会为你侧目。点燃不了人心底的欲望，就没有人会加入你的梦想。你只有梦想足够大，才能够包容别人的梦想，才能够让别人加入你的行列，才能够让别人愿意跟你同行。如果你心底有追求，就要谨记一句话："你不扭曲现实，就创造不了奇迹！"

史蒂夫·乔布斯如果还在世，你不妨问他一句：你是为了改变世界，才有了iPhone？还是先创造了iPhone，才有了那句"follow your heart"（追随你的心）？我想大家都知道，他能追随自我内心，才会"stay hungry, stay foolish"（求知若饥，虚怀若愚）！他是先想改变世界，才创造了iPhone。因为他内心深处有极致渴望实现的愿景，才会有一往无前的行动。

我们也可以思考一下，埃隆·里夫·马斯克是先有了特斯拉，还是先有了拯救人类、探索火星的愿景？我们知道，他是想要拯救人类、探索火星，才成了全宇宙第一网红 IP。这与他有生之年能否达成愿景无关，只与梦想有关。他已经说了很多年，我们从一开始的不相信，觉得他是个疯子，到现在的逐渐愿意相信，相信他有这样的能力。这个过程，就是现实扭曲力场在发挥作用。归根结底，源自把不可能变成可能的强大愿力。

第二个基本要素，对信仰的偏执

现实扭曲力场源于一种对信仰的偏执。在这个时代，不是说只有偏执狂才能生存，但是真的只有带点偏执才能成为真正的超级 IP。特别厉害的人，在一方面有绝对的实力，在另一方面，则往往有着让普通人无法接受的缺点。

真正有强大现实扭曲力场的人，不是敢赌，也没有赌徒心态。在常人眼中的敢赌和营销噱头，都只不过是因为我们的眼界过于狭隘。因为他们是真的相信，他们真的认为赚钱只是他们强大信念的一个副产品。他们把赚钱当手段，而不是当目标，所以往往能够赚到更多的钱。有真正强大的现实扭曲力场的人，他们是真的相信，相信的力量就这么简单。从这个角度来讲，超级厉害的人往往真的是简单的，这种简单不是我们眼中的天真无邪或无知，而是我们所说的执着。

第三个基本要素，强大的利他之心

有强大的利他之心，才能最彻底地被人利，这就是超级 IP。小成靠术，大成于道，道始于心。有心利他者无畏，有心利天下者无敌。这就是最强大的现实扭曲力场的精神内核。

短视频＋直播进化到现在，打造 IP 要能变现就要讲究先基于我们的个人特质，从最重要的、可以大众化的专业知识而来的内容产品（也就是我常说的一书一课）再倒推定位，倒推短视频和直播内容。其实就是基于我们能为他人带来什么极致的价值体验，来思考怎么行动。

IP 变现的基本公式是：人设＋知识＋价值观＋人货场统一＝IP 变现。

那么，最后我们再来看几个公式——我跟大家经常强调的、打造个人 IP 的三大守恒公式：

专业度＋分享欲＋合作精神＋学习力＋定见＝个人 IP。

专业度＋稀缺性＋分享力＋价值观＝头部 IP。

超级价值观＋超级愿力＝超级 IP。

从个人 IP 到头部 IP，再到超级 IP，这三个层次怎么理解？我们不妨品一品。我的理解是，越到底层越讲究基本，越到高处少就是多。当一个 IP 站在顶端的时候，最重要的反而就是一件事——基于强大的价值观，用强大的现实扭曲力场去组织一切。张一鸣说过一句话："只要我们的认知在高处，一切生产要素都是可以被组织的。"所有的竞争拼到极致，拼的都是认知。就如我们常说的认知定义消费。那么，什么是认知呢？是我们的价值观，是我们对价值观的执着，是我们坚定地抱有怎样利他的价值观，怎么有利于这个社会和时代。

那么，愿力是你站在高处，发现很湿的雪之后，愿不愿意滚很长很长的坡。比如，当年罗振宇之所以红极一时，就是因为他想要用互联网的方式来颠覆传统的电视媒体，于是他坚持 60 秒语音，坚持了好多年。和时间做朋友，跨年演讲，一说坚持，就可以承诺

20年。这就是一种极其强烈的执着。知识付费这个概念就这么被造出来了。所以，它就是一种现实扭曲力场，就是一种愿景力。

既然扭曲力是一种愿景力，那么就敢想、敢干、敢做自己吧！终有一天，我们会跟自己说：谢谢相信，相信可以创造一切。加油！

个人 IP 持续成长的四个原则

成为超级 IP 需要不断提升自己的专业能力和品牌形象，并通过多种方式吸引和留住粉丝的关注和支持，从而实现个人和品牌的价值最大化。

只有终身学习，才能终身成长。对于一个超级 IP 来说，只有终身成长，才能长青不衰。要成为一个超级 IP，我们需要遵循四个基本原则。

第一个基本原则，做有长期积累的事

做任何事情，都是越积累越成功。成功其实是逆自己的人性，顺他人的心。虽然过程当中难免枯燥乏味，但是只要你有意志力，坚持下来，每个人都可以成为一个或大或小的发光体。只要你能够在一个领域里面长期坚持，投入心智，干个几十年，你想不成为一个厉害的 IP 都很难。

因为，能长期坚持下来的人其实是很少的，很多人都知道这个道理，但是不等于能做到。别人看来好像很枯燥的事，如果你能有长期的价值主义做驱动，享受到深耕的乐趣，大概率是能持续下去的。这就跟打游戏一样，"子非鱼，安知鱼之乐"。你越做，越觉得这件事有意义感和价值感，就不会停下来。长期主义者，既需要外部赋予的意义感，同时也需要内在的意志力。两者兼具，才能成就一个超级IP。这就是超级IP与长期主义的关系所在。

第二个基本原则，是在自己的核心能力圈做投入

一个超级IP不管外在的诱惑如何，都要持续在自己的核心能力圈做投入，积累信誉度。每个人都不要轻易逃离自己的核心能力圈，有时候一个IP在起始阶段增长慢不能代表什么。我发现一个特点，在起始阶段增长慢的IP，往往在后期最容易暴涨。一上来就火的IP，反而很容易"熄火"。这就是因为你逃离了自己的核心能力圈。轻而易举的成功，总让人容易走上愚昧之峰，掉入无所不能的陷阱。

在核心能力圈里要学会坚守。真正的超级IP能够识别出什么事情是他擅长的，不仅能识别是不是在他的核心能力圈之内，而且能识别什么时候是在能力圈的边缘运作，什么时候是在能力圈的核心运转。我们需要有客观、清晰的自我和他我评价系统，把自己的时间放在最重要的事情上，否则成为不了一个超级IP。

第三个基本原则，是要有敬畏心

我们的已知圈越大，未知圈也越大。就像一个人，从山脚下看这个世界，你看到的就是眼前那几棵树。你站得越高，看到的东西越多，但是你也会明显感觉到未知的东西也越多。所以，人越往高处走，越能留意那些未知的东西，你的可能性和机会也会越大。对有的人来讲，即便往高处走，所见也不一定很多，因为他只顾低头

走路，没有广阔的视野，所以看不到更美丽的风景。人的满足感不仅来自外在环境，还来自内在的情感状态和人生观念。因此，即使站在高处，也不能保证一定会感到满足。超级 IP 越往高处走，敬畏心越强，越走路越稳。所以，看一个人能不能成大事，就看你站得高了，有没有敬畏心。图 3-2 是个人 IP 成长原则图。

我认识一位投资人，名叫谭文清，从事投资多年，他所投资的五六家公司都成功上市了。此外，他还辅导妻子汪静波创办了一家上市公司，名叫诺亚财富。在外界看来，谭总是一个非常成功的人。但是，我们会发现，他在人群中并不显眼，总是非常谦逊。他能够很好地守住投资人的边界。谭总的感知力和判断力非常强，对人性的把握也非常精准，这源于他的敬畏之心。

就拿读书来说，假读书的人翻了几本书就会变得傲慢，真读书的人往往书读得越多越谦虚。这就是我所说的超级 IP 对待未知的态度。

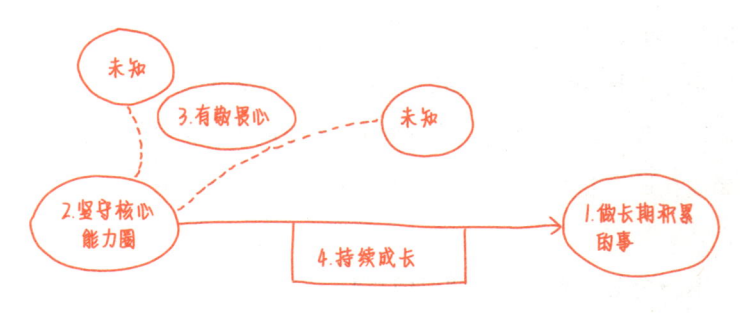

图 3-2　个人 IP 成长原则图

在任何一个群体中，总有"三七法则"，一个超级 IP 的积累是遵循"T"形结构的。横向花 30% 的精力去学，去拓宽视野；纵向花 70% 的精力在专业领域去精进，去练习。在学中练，在练中悟。

真正的超级 IP 不仅仅是一个只知道做好专业事的工匠。他既专业，又有广博的视野，更懂得如何利用好自己和他人的优点。

因此，超级 IP 们往往非常愿意相信专业合作，非常相信专业化分工。为什么说很多潜在的或已经成为超级 IP 的老师，更愿意选择跟我们这样的机构合作，我们也愿意为这样的老师去赋能，就是因为我们彼此知道自己的能力边界，能有更高效的链接和合作，会实现一加一大于二的价值。

第四个基本原则就是，要持续成长

把多的事情做少，学会做减法。在少里面做多，这是做事的态度。我们在"优势和定位"的课程里面就讲过，细节里面看细节。一般的新手打台球，只看到台球中的一个点。真正的高手，他看到的是 64 个点。再进一步，他可以看到每个点之间的内在逻辑，甚至能通过别人的一个结果，推演出对方努力过程中的细节。这就是在少里面做多，能看到更多。一个超级 IP 身上往往具备这样的特质。

很多人并不知道怎么取舍和选择，超级 IP 不一样，他有定力。因为有定力，所以更有原则和边界感。能够一通百通，所以更能够看到一件事情的多重价值。一个超级 IP，不是完美的人，而是一个持续追求和靠近完美的人。

原创理论的搭建

超级知识 IP 要有自己的原创理论体系，还要有自己的价值主张，这就需要从内容输出的四个层次说起：从第一个层次的知识分享，到第二个层次的经验分享，再到第三个层次的方法论分享和第四个层次的价值观分享。真正的超级IP自下而上穿越四个层次，方法论分享其实就意味着有自己的理论体系，价值观分享就是在理论体系之上能够有足够高度的价值愿景。

那价值观是怎么来的呢？从一个超级IP整个知识体系构建的角度讲，它是一步步倒推出来的，而且它是一个循环促进的过程。图3-3，我总结了五个原创理论搭建的步骤。

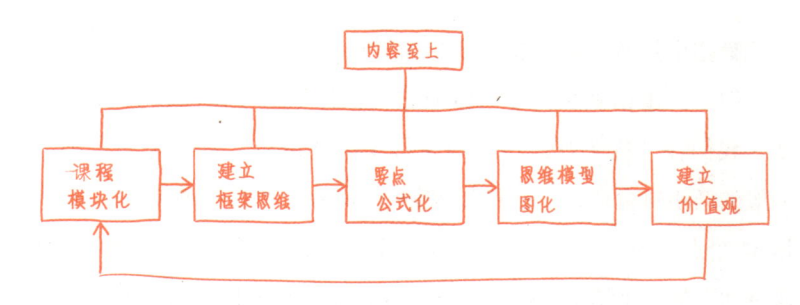

图3-3 原创理论搭建图

第一个步骤是，课程的模块化

课程的框架体系应该是一环套一环，分模块的。如果没有模块，课程就会很碎，人们是很难记住单点的碎片知识的。这只能算是零散的经验分享，上升不到系统的方法论，有方法也是未必经得起推敲、未必完善的单点问题的解决方法。

第二个步骤是，建立用户的框架思维

有了体系之后，要能够更好地提炼核心要点，以点带面来建立用户的框架思维。比如，我把我整套大课程体系里的核心要点都拎了出来，强调在框架之上找定位，定位之上看优势。也就是框架＋定位＋优势，构成了我的优势定位课的三大板块。

学习的心法＋成长型思维＋学习的方法，一起构成了工作中高效学习方法的三大模块。这三大模块强调底层逻辑，是为了帮助大家提升自己的能力，持续打造自己的核心竞争力。

经验分享的方法＋个人IP打造的方法＋超级IP的成长策略＋我合作过的IP案例，就构成了全链路个人IP打造的课程部分内容。

所以，有了课程模块之后需要进行要点的提炼，在提炼的基础之上就更容易让大家去抓重点。

第三个步骤是，要点公式化

这就构成了我们整套课程的理论体系。因为公式是最容易让大家记住的，这体现了一个老师课程设计的科学程度。公式化的过程中有乘法和加法，这是怎么来的呢？我们可以看看要点与要点的关系是相加关系还是一个放大关系。

我在做我的整套课程体系的时候，也提出了一个公式：

定力 ×（能力提升＋经验变现＋个人品牌）× IP 的网络放大效应＝高效投资自己。

这个公式构成了我整套系列课程的核心框架，它的本质是把模块化的要点进行了系统构建和自洽。

我之所以说能力提升、经验变现，以及个人品牌，这三者之间是一个相加关系，是因为三者都很重要，它们构成了个人价值的三条腿。IP的网络效应和定力，我认为它是可以以指数级放大一个人的价值的，这就不是相加关系了，而是相乘关系。

第四个步骤是，在公式化的基础上思维模型图化

我提出了一个三角同心圆理论图。前面一个圆圈就是定力，圆圈外面的一个三角形就是由能力提升、经验变现、个人品牌三条腿组成的。再后面的一个圆圈，就是 IP 的网络放大效应。这就把它自然而然地模型图化了。做模型图是为了让大家一眼看起来就很直观，所以在模型图化的时候就涉及总结归纳。

第五个步骤是，价值观的建立

工作中，做每一件重要的事情时，我都喜欢先和大家一起探讨和提炼价值主张。以价值观为导向，事情才不会跑偏，大家才更能够感受到做一件事情的意义感。

在写这本书的时候，我也在想：这件事情有什么意义呢？迷茫的人看这本书，能不能让他们找准定位，不再迷茫？优秀的人看这本书，能不能让他们更加优秀？那些想要去分享知识，成就他人的人，能不能在看完这本书之后，更好地打造 IP，成就他们想要成就的人呢？所以，"让迷茫的人不迷茫，让优秀的人更优秀，成就想要成就他人的人"就成了我写这本书的价值追求。

随着对这本书内容的不断深入，我发现我的这本书真的和这个价值观非常契合。定位的部分其实就是让迷茫的人不迷茫；高效学习的部分，是让大家去学习，就是让优秀的人更优秀；至于经验分享和变现，就是成就那些想要成就他人的人啊。

想到这里之后，把整个内容整合在一起，我发现，这本书的每一个小小的组成部分都是有意义的、有价值的。再后来，我自己回过头去总结，再综合看一看我后续个人提供的一对一 IP 链路咨询和陪跑，以及我们公司业务上与 IP 老师们的书课合作以及 IP 孵化的业务。我发现自己有意无意间正在做一件事，那就是全链路的个人IP孵化与赋能。这不就是体现了"影响有影响力的人"这一价值观吗？

可以看到，我的整本书是通过价值观串联起来的。这让整体结构更加清晰，层次更为丰富。当你反推过来，回看课程框架的时候，你就有了一个指南针。它能指导你不断地迭代，朝正确的方向去努力。这样，就形成了这样一整张原创理论体系搭建和进化的图谱。

那些超级IP，对于理论体系中的价值观构架是非常看重的，而且都有自己的一套方法论。想要成就IP，就要在以价值观为导向的同时，坚持内容至上。

创始人IP的四个维度

创始人的商业模式就像一棵树，感性是根，理性是干，商业模式是在价值观的基础上长出来的。创始人要学会讲故事，因为创始人IP做内容分享时，故事是核心，这是打造魅力人格体的基础，也是用户最感兴趣的部分。而且，创始人的故事和经历本身比普通人的故事都要精彩。

一般来说，讲自己的故事，我们可以从以下四个维度去延伸：

第一个维度是，关键时刻的关键抉择

我们在讲自己的IP故事的时候，可以把自己关键时刻的关键抉择拎出来。怎么个拎法？比如，你可以讲自己成长过程中的若干次飞跃：你对自己的专业领域从不同的维度可以提炼认知的几次飞跃，学习的几次飞跃，工作过程中升职的几次飞跃，等等。你有很多次飞跃，你可以用"飞跃""多少次飞跃"这样的词，串起你不同的经历和认知。从成长、关系、环境、创业、认知等不同的角度，讲述你如何做出关键时刻的关键抉择。而且你的故事可以用"树枝法"，也就是层层递进的提问方式，延伸出更多的故事，让它无穷无尽。所以创始人和企业家，从个人特质的角度来说，与普通人最大的不同，就是他的故事往往比普通人的更精彩。

一个企业的创立，不就是创始人最宝贵的财富和他成长的智慧吗？像曹德旺这样的企业家，他把自己成功的方法论写成一本书，把自己的智慧传播给他人，比他捐100个亿还要有价值。因为今天的社会不缺乏物质积累，缺的是精神财富。所以，关键时刻的关键抉择可以让创始人更有魅力，可以让创始人的形象更加立体。

第二个维度是，创始人讲品牌发展的故事，会让品牌更加性感

创始人和企业家对于企业品牌发展的故事，会比任何人都更加了解，信息更加丰富，认知也更加高维度。本人亲自跟用户互动，就是给自己的品牌打广告。比如，我是如何获得第一个客户的，品牌发展的某个阶段的一个转折点是怎么产生的？我们是如何快速实现指数级增长的？我们的品牌在吸收用户的过程中遇到的难题是怎么解决的？这些都是很好的故事素材。

我们的品牌不只是一个简简单单的LOGO，而且未来的品牌更不应该只是一个LOGO。未来的IP品牌会越来越感性，越来越有互动性，会自己长脚。我们要赋予品牌更加感性的内涵。过去我们看到那些长青百年的品牌，都非常注重讲品牌故事，今天我们更加不能忽略。

比如，我是如何解决接到的第一个投诉的，我遇到过的重大危机有哪些、是怎么解决的等，这些故事其实对其他人也是有参照价值和学习意义的。所以，创始人应该学会怎样去讲自己的品牌故事。今天创始人给普通人讲品牌故事的能力应该大于给投资人做商业计划书的能力，因为前者没人可以帮你，后者投资人都可以帮你梳理。

第三个维度是，经营、管理的方法论

一般来说，经营管理理念和方法论形成的故事可以让团队更有狼性。经营管理的方法论，指的是你在经营这个企业的过程中，经历了哪些事，逐渐积累出来的心得和方法。你去讲述的时候，里面包含遇到各种各样的难点问题、痛点问题是怎么解决的。这可以让企业内部的人更加了解你的作风，让内部团队有更强的共识，也就更加有狼性。其实在讲述这些的同时，也是在吸引同道中人加入你的事业。所以，创始人讲这种经营管理理念真的很重要。

第四个维度是，价值观的进化过程

价值观的故事则可以起到传播和传承企业文化的作用。一个企业的发展，每个阶段的追求是一步步进化来的。比如，雷军一开始创立小米，就是想让每个普通人都能够用上一台性价比高的手机。小米的价值观是让每个人都能够享受到科技的乐趣。这就是不断进化的过程，这就是感性的价值观。

在讲故事的过程中，可以谈谈你是如何形成自己和企业的价值观的，你为什么坚信这个理念。这就是很感性地传播你的品牌，而且你可以讲一下团队里面的人是怎么践行价值观的，你的用户是如何认可你的价值观的,这就起到了一个品牌的传播和传承的作用。

创始人从这四个维度去讲故事真的太重要了。不仅可以以短视频的方式讲,也可以在你的课程里面讲,还可以在你的书里面讲,更可以在你直播的过程中讲。这是你比普通人打造 IP 更加重要的优势。

创始人应该打造 IP,因为你最重要的工作就是做两件事情:一是传播价值观;二是讲公司的商业模式。具体表现出来的有六个维度:搞人、搞钱、搞名、造梦、造势、造氛围。

搞人,人才永远是最重要的资产。人是靠吸引来的,你在短视频和直播间这样的公开场合不断讲述自己的故事,不就是在吸引人才吗?

搞钱,在今天这个时代,钱是靠吸引投来的,而不是找来的。你有吸引力,投资人主动来找你,而不再是你去央求他人。做 IP 展现自己的魅力,不就是在吸引钱吗?

搞名,就是一个企业如何做品牌。现在大家认可的不再是冷冰冰的机构品牌,更愿意去认可的是个人品牌。你打造自己的 IP,就等于打造自己公司的品牌。

为什么要造梦?因为一个人的梦想可以包含一群人的梦想,你做 IP,讲愿景,谈价值观,不就是把梦想讲给别人听,让更多的人去支持你吗?

造势则是让大家看到你的公司欣欣向荣。势能有了,你做很多事情,包括做企业,就能得到更多助力,会容易很多。

至于营造氛围,其实就是你在做 IP 的过程中,让公司更有人气。

这就是创始人和 CEO 从商业模式和价值观的两个维度里面衍生出来的六个维度,最后都可以通过你的 IP 来实现。

讲好 IP 故事的方法论

知识是免费的，值钱的是传递知识的手艺。做个人 IP，要善于讲故事。故事是人类交流和理解的基本方式，通过故事可以更好地传达和表达自己的想法和价值观，同时也能够吸引听众或观众的注意力，让自己的品牌更具有吸引力。

在塑造个人 IP 时，我们需要找到自己的故事，即关于自己的独特经历、个性特点、成就和目标等方面的内容，并通过讲故事的方式来展示和传达。同时，我们也可以通过讲故事来与听众或观众建立情感链接，让他们更加认同和支持我们的品牌。

我认为一个好的故事，要符合三点：跟专业有关；跟大众有关；跟自身有关。具体来说，我举个例子，侯小强侯总是国民级 IP 的操盘手，起点中文网的前董事长，我跟他在共创内容的过程中，侯总讲过一个很好的公式：超级故事＝广谱情绪＋超级人设＋经典叙事＋迭代审美。我认为这个公式是对好故事的定义，是衡量好故事的标准。

讲故事是提升个人 IP 的重要手段之一，需要我们在实践中不断探索和提升。我总结了几个讲故事的好方法。

第一个重要的方法是，树枝法

很多超级 IP 会用到编导团队和编辑团队。编导团队在挖 IP 老师故事的过程中，用到的最典型的方法，就是树枝法。所谓树枝法，就是从某一个故事素材的点出发，层层递进，不断展开追问，挖出更多的故事，去推演更多的甚至全部的信息和素材。问完了一个问题，基于 IP 的回答再找到一个点，继续追问。这样循序渐进地问 IP 问题，基于 IP 的全部素材、全部经历，提出层层递进的问题。树枝法可以使 IP 的故事层出不穷。

有人问我："刘 sir，在你的成长过程中，一共经历了四次飞跃，哪一次最重要？"我会说："是第二次飞跃，那次遇到了贵人。"这时，提问的人就可以抓住第二次飞跃这个基本点追问："你觉得你为什么可以遇到贵人？"我会说："因为我来到了北京，北京是中国的文化中心，有行业里最好的公司，我的想法是宁为凤尾，不为鸡头，就是要不断地往上走。"我回答了这个问题之后，提问的人可以继续追问："你为什么选择宁为凤尾，不为鸡头？到了北京之后，你感觉跟别的地方有什么不一样呢？"

通过这样的提问，故事的每一个素材都可以不断地展开，故事的内容会变得很饱满，故事的延展性会变得很强。

很多时候，大家会觉得，不知道做短视频要讲什么内容。其实，你只要找出问题里大众关注的那些高频关键词，再基于这些关键词不断地去追问，就能知道应该讲些什么内容了。

第二个方法是，迭代法

你千万不要觉得，讲过的故事就不能再讲，而是要持续不断地去讲，持续不断地迭代。这是什么意思呢？就是你的认知在不断升级，你的认知可以让你的故事推陈出新。同样的一个故事，你过去看是一个意思，到了今天认知不同，你经历过一些事情之后，再看这个故事，理解又会不一样。

随着自己的成长，每个人对自己的经历的认知是不断更新的。所以，你不要觉得这个故事我曾经讲过了，就不能再讲了，你只要不断有新的认知，你的故事还可以再讲，用户跟着你有了更新的认知,这就是新的。新瓶装旧酒,你的内容就可以无穷无尽了,就可以持续不断地迭代了。

能做超级IP的人,一般都是在少里面做多,讲的东西可能不多,但都是可以迭代整合的经验和收获。

比如,在我的成长经历中,辍学后重新读初三时,我第一次考试的平均分只有20分,英语才7分。当时,我堂姐是我所在学校的历史老师,她跟我说:"唉,为什么你连蒙都不会蒙?英语就只填两三个空,你随便乱填一下,你的分数也不会这样。"

在这件事上,我过去的认知,就是觉得应该真实面对自己,要诚实。但是现在随着我给大家讲如何高效投资自己的课程,我再看这个自己经历的真实素材的时候,我就不觉得它只是真实和诚实那么简单,我会认为它背后的底层逻辑就是你能够诚实地面对自己,能够客观地看清自己的现状,这才是自己进步的前提。

我从第一次平均分20分,到第二次平均分50分,我就会客观地看到自己的进步,不断的进步又带来一种上瘾机制,我会觉得原来我进步很快,我会给自己一个正反馈。如果我不去直面自己,英语随便乱填取得50分和认真填取得50分所带来的结果一定是有区别的。我发现,我的认知维度更高了,对这件事的理解更深刻了。

再深入剖析这个素材,其实这就是一个客观的自我评价系统的原点。你能客观地看待自己,关注自己对自己的评价,不再一味地关注别人的评价。为什么有些人总是活在外部世界对自己的评价当中,而我却没有太活在外部世界对自己的评价当中呢?我过去的这个经历就让我不断提醒自己,关注自己,自己对自己的评价才是最重要的。所以,同样的一个故事,随着你的认知不断提升,其实可以赋予你的故事新的内涵,你可以再讲一遍。

第三个方法是，场景法

故事素材和不同的问题，再加上情景的结合，可以推陈出新。

还是讲我英语考 7 分这个例子，可以针对不同的场景来讲。比如，孩子考试，家长应不应该让孩子乱填答案？孩子的压力大，为了拿高分蒙一个答案可不可以？那家长教育孩子应该是让他诚实更好，还是让他为了高分而去高分？我这个故事和案例是不是可以用到家长如何教育孩子的场景中？

又如，跟对象相处，在生活当中，明明是你价值没到一定程度，你却要打肿脸充胖子就没必要。

再如，你去面试求职，明明不会的题目，你非得蒙一个答案，得到了一个你扛不起的岗位，结果不仅耽误你的成长，还有可能被开掉，给自己强大的负面心理冲击，这就没必要了。你真实的水平是什么样的，就表现出什么样，这才能认清你自己的能力。

找对象、面试求职都是一样的，要在你的水平、能力所能及的范围内去选择，不要跳出自己的能力维度去选择。

我在选择员工时，其实也会想到这个场景。我们公司的价值观很简单，是什么就是什么。因为我对自己就是这样要求的，所以在管理中也会这样做。我知道，你欺骗别人的同时，更多的是在欺骗自己。你自己都不想买的产品就不要卖给别人，割别人韭菜的同时，割得最痛的最后也是自己。所以，我选员工也好，选合作伙伴也好，都是坚持实事求是。

所以说，面对不同的问题，不同的场景，当你可以用同样的素材去支撑你的故事的时候，你就可以反复地讲，这个时候，你的故事就是无穷无尽的。

第四个方法是，逆袭法

以我为例，我曾经打架、逃课，是一个问题青年。后来又回到学校读书，终于考上了大学。毕业后，我来到北京，成为一名出版人。在这个过程中，我不断学习和成长，通过自己的努力和不懈追求，成功实现了从民工到出版人的华丽变身。我相信，只要有梦想和勇气，就能创造出属于自己的精彩故事。

每个人的逆袭之路都是独特的。有的人一出生就被赋予了优越的条件，但他们也需要通过自己的不断努力和追求，才能实现自己的跃升。有的人则从出生开始就面临着困境和挑战，但他们也可以通过自己的努力和坚持，逆袭成为成功的人。

逆袭的故事通常充满了戏剧性和悬念，让人们紧张兴奋，跟随主人公的脚步去体验他们的胜利和挫败。这种故事可以激励人们进一步思考自己的人生和未来，寻找自己的逆袭之路。

你只要有一套自己的降龙十八掌，掌握了十八掌的精髓，就可以根据具体的情况选择具体的招数组合，去应对不同的对手和场景。

所有的人，在面对不同的问题时，出招的组合都可以千变万化。这就意味着，你的短视频、直播内容可以无穷无尽地输出。这就是超级 IP 故事方法论很核心的一点：无穷无尽。我们了解了树枝法、迭代法、场景法、逆袭法，就会讲出无穷无尽的故事。

打造可持续的超级 IP 自成长系统

超级 IP 是如何自成长的？打造 IP 需要主业和副业的双向驱动。如果打造 IP 这个副业和你的主业关系不大，那你要好好反思一下，是不是你的职业规划上出了问题。不能找到 IP 和主业关系的 IP 打造，就天然缺乏可持续性，效率和效能就比能做到双向驱动的朋友要差。这也是我为什么要和大家反复强调定位。

如图 3-4 打造可持续的超级 IP 自成长系统对应的思维模型图，在主业端，从业务的角度，涉及产品、服务和项目；从人的角度，对应的就是合作、合伙和投资。

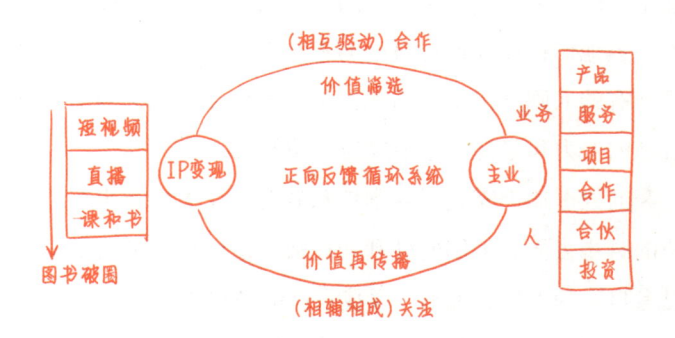

图 3-4 超级 IP 自成长系统图

在 IP 端里面，其实最重要的是短视频、直播、课和书。短视频用来吸引粉丝，直播是在做转化，课程是在帮你筛选高价值的用户，图书能帮你破圈。这是你在 IP 端应该做的事情，也是你做 IP 有关的核心业务。

当你的主业做得足够好的时候，反过来会帮你进行价值再传播，帮你获得更多的关注，让 IP 做得更好。

在打造 IP 的过程中，你又可以创造更多的合作机会，帮助你进行价值筛选。筛选的具体表现有两个层面：一个是业务层面；另一个是人的层面。

从业务层面来看，价值筛选可以让你获得更多的产品、服务或者项目；从人的层面来看的话，你可以筛选合作伙伴、合伙人、投资人。所以，它是一个双向驱动的关系。你了解了这样一个关系和结构，才能更全面、更有的放矢地去打造属于自己的自成长系统。

如果你的主业和副业是两件事儿，你会发现你天然就比别人效率低很多。如果你把它们变成一件事情，你的效率自然会高很多。

你的副业如果是今天搞这个，明天搞那个，那么你会发现自己是分裂的。当你真正地构建了一个IP自成长体系的时候，就是IP和你的主业相辅相成的时候。你会看到整个IP变现的全貌，试着按照这个系统的逻辑去规划，关注正反馈，一步一步地修建这个自成长系统，当构架完成的时候，也就是你真正全面自主进化的开始。

当你看到IP变现全貌的时候，粉丝不只是你的一个粉丝，可能是合作伙伴，可能是你的合伙人，也可能是你的投资人。粉丝，也可以是你的产品和服务，或者项目的体验者。粉丝可以被你的短视频吸引，也可以被你的直播吸引或被你的课程吸引，会被你的书吸引。当你有一个链路，有一个整体的系统思维的时候，其实你就知道了应该在哪个阶段做什么样的事情，这是支撑一个IP的体系。所以当你脑海里有了这张图后，才能够真正理解什么叫作正向的反馈循环系统。一个超级IP自成长的第一步就是打造一个超级厉害的正向反馈循环系统。

不要单一地去看问题，因为你这样很难成为一个持续成长的IP，而且你成长的效率大概率不是最优的。我们需要深刻地理解和看清这张图里的扭转逻辑：所有的粉丝都可能被你的短视频吸引，然后通过直播进一步认可你，接着就购买你的低客单价课程，再到购买高客单价的课程，同时你的书籍可以通过让他人帮你售卖的方式获得更多的用户，进入短视频、直播和课程的闭环中。

在这个过程中，我们可以看到他们对我们主业的价值，包括产品、服务、项目等，以及他们找我们合作、合伙、投资的可能性。这是一个一环套一环的反馈循环系统。所以说，很多时候，在反馈中成长才是最快的成长，在反馈中进化才是最重要的进化，前提就是你如何构建自己的反馈循环系统。

亚马逊的CEO杰夫·贝索斯就特别注重反馈，所以亚马逊有一套很重要的流程。贝索斯经常会给他的管理层转发用户给他的投诉邮件，转发的时候只有一个问号。但是，收到这封邮件的人，就需要做一系列的工作，要问很多个为什么。用户为什么会有那个投诉？通过进一步地去追寻原因，然后形成表格，层层审核之后发给贝索斯。通过这个例子我们可以看出亚马逊对用户反馈的重视程度。

处理任何一个用户反馈，其实都是系统优化的契机，你不只是问一个为什么，应该问两个、三个、四个、五个……问十几个为什么，把一个个的问题都找到答案，最后落实到整个系统中把问题进行优化。这才是一个真正的超级IP的自成长体系，从反馈循环中学习的意义。

一个差评，只是一个差评的问题吗？它可能是一条短视频的内容选择问题，可能是对你的一书一课的知识原点的理解问题，也可能是一个价值观上值得去重新思考的问题。所以，超级IP的成长系统其实是源于你要正确地理解这条链路，当你有了对这个链路上的理解，你再看每一个问题的时候，你看到的可能不只是一个问题本身，你看到的可能是它背后对整个链路的系统的影响。我们要关注每个链路上你的用户对你的建议和影响。

一个小小的问题，可能不仅是一个问题，这个问题背后可能是对内容的整体框架的认知问题，可能是对价值观的反思的问题。思考得越深，越能更好地推动你进步，真可谓牵一发而动全身。因为内容是分层的，用户也是分层的，它们之间是相辅相成的。

在社群里面，有个用户不认可你，出现这种情况的原因是什么？是他被你的短视频、直播或者课程吸引从而进入你的社群，还是价值观的筛选出了问题？为什么让一个跟你价值观不一致的人成了你的核心用户呢？你的用户筛选路径是不是出了问题？你的内容是不是过于浮夸了，反过来让你的整个链路中价值体系的建设不够完善？还是你的理论体系、知识结构，或者服务流程标准上出了问题？

针对这个问题，你站在一个系统的角度思考：是你的项目服务上的问题，还是合作伙伴的问题？是你业务上的问题，还是属于人的链接层次和重要程度的划分问题？他是你的核心用户，还是你的非核心用户？当你有了一张系统的图谱，了解这些的时候，你就拥有了超级 IP 自成长的系统视角。

如何提问

在如今这个时代里，提问能力是一种不可或缺的能力。你善于提问，就能得到比别人更多的有效信息，这本身就是一种优势。

一个会提问的人，一定是一个高效学习者，是一个会投资自己的高手。我们每天都要和各种各样的人打交道，提问能力至关重要。

比如，当你遇到一个厉害的大佬时，会提问的话，很快就能了解他的思维方式、行事方法。如果没有提问能力的话，你可能什么都得不到。

所以，在这个时代，好的问题比答案更重要。应该怎么提升提问能力呢？我总结了三点。

第一，要懂得拆解问题

提问能力是一种拆商，懂得拆解问题，把一个大问题变成若干个小问题，层层递进地进行推导，这需要很强的逻辑思维能力。很多人说，这个问题我解决不了。不是解决不了，是你不愿意把这个问题去拆解、层层递进地去提问。

问题是推出来的，层层推导，逐一解决，最终会把问题解决。最简单的两种拆法：一种是多问一个"下一步"，按时间步骤的方式来拆。另一种是多问一个"为什么"，按逻辑顺序来拆。如果你根本不想推，那不是你能力不行，而是你懒。

第二，找到合适的提问对象

这个世界上，有很多大佬、牛人，要找到合适的提问对象很重要。哪个领域的问题，就去问哪个领域的大咖，毕竟大咖也是有认知边界的。他们可以在专业领域里帮你解决问题，但是在其他领域，你去问他们，那就是给双方找麻烦。他们非但无法给你解决问题，还有可能给你带来更大的没必要的问题。

我觉得，找到合适的人，本质上就是发现别人的优点。看到别人的优点和擅长的领域，你才能更精准地提问，对方也能充分发挥自己的优势。

第三，表达要精练

来我的直播间或者听我课程的朋友中，有很多都无法精准地表达自己的问题。用四五分钟的时间去描述，却无法提出一个恰当的问题，这真是一种很糟糕的状态。

互联网时代，提问能力至关重要。想要精准地定义问题，我分享四个建议。

1. 去繁就简，精简问题。提问之前，先梳理一下思路，把那些没用的废话全部去掉，找到最核心、最关注的部分，它就变成了一个精准的问题。

2. 透过表层问题看本质问题。比如，你被老板骂了。你跟老板的关系出现了裂痕，应该采取什么措施修复？这是表层问题。本质问题是，老板为什么要骂你？这才是解决问题的根源所在。是工作出了问题？还是老板情绪转嫁？抑或有人跟老板说了什么？解决了本质问题，表层的问题就迎刃而解了。

3. 养成多问几个为什么的习惯。面对问题，大多数人首先想到的都是如何找到解决问题的办法，但是实际上，所有二元对立的问题，答案都在更高维度之上。那么，一遇问题就想要答案的思维方式并不好。真正高效的解决办法，应该是养成多问几个为什么的习惯。在问自己为什么的过程中，你的视角会拓宽，思维会发散。不再聚焦于眼前的这个小问题时，你才能在更高的层面上去思考和解决问题。

4. 有大众视角和深入浅出的能力。作为内容策划人，我与很多 IP 有过合作。向他们提问时，我不能站在专业或是自己感兴趣的角度上，而是要始终提醒自己从大众视角出发。这样才能满足大众的需求，符合大众的口味。

这里面，考验的其实是深入浅出的能力。一个 IP 在自己的专业领域很厉害，讲的东西也很深入，可是普通大众听不懂，这样的内容传播价值就是有限的。这就要求提问者通过提问让内容变得浅显易懂。这就是深入浅出的含义。一个真正的提问高手，一定具备这样的能力。

我觉得提问的能力是未来每个人都必备的最基本的能力，甚至学校里也应该有一堂训练大家提问的课程。特别在人工智能的时代，机器可以很好地给出答案，而人的想象力、提问的能力，是人们探索这个世界的最基本的能力。我总结了三个找到问题答案的方法。

第一个方法，要识别这个问题

提问的能力为什么那么重要呢？在现实生活当中，很多人在遇到问题的时候，虽然看上去是想要寻找一个答案，但其实是想得到一个问题，问题才是激发大家思考的东西。包括我们读一本书，其实不是为了去记书里面的知识点，而是能够得到多少的思考。

我在解答很多朋友怎么办的问题时，更多的是向他提问。我有一个很简单很有意思的方法，当你遇到问题的时候，你往前至少问三个为什么。比如，领导刁难你了，你往前问几个为什么。领导为什么刁难你？因为我工作没干好。你为什么工作没有干好？是不是因为你的能力不行？你为什么能力不行呢？你能力行的地方在哪里？这就能找到本质问题。

第二个方法，确保你的解法正确

往后至少问自己三个怎么办也很重要。我们在遇到问题的时候，解法有时候比问题本身更可怕。因为你给出的解法，可能带来负面作用。它可能比这个问题本身没有解决带来的问题更严重。比如，别人打了你一拳，你采取的措施是反击回去，结果你给别人造成的伤害又带来了更大的新的问题。

所以，当你遇到问题的时候，第一时间想到的答案是不是正确的，需要我们去验证。这是能够更好地确保我们去做出有效的决策和解决问题的方法。

第三个方法，利用人工智能给出答案

在人工智能的时代，ChatGPT能够很快地回答问题，甚至能给出更全面、系统、理性的答案。如果人工智能给出来的答案比我们人类给出的答案更加准确的话，那我们人类应该怎么办呢？是不是机器会打败人类呢？至少机器不会给你一个方向，机器有可能具备情感，但是当机器人出现的时候，至少有一点是确定的，我们不能让自己成为一个工具人，我们要学会驾驭和使用工具。

能够不断地训练机器人，让机器人给出一个你最想要的、最精准的答案，这其实依然依赖于你的提问。

所以，我觉得在未来，富有想象力的发问将引领人类取得更大的进步和跨越。进步和发展本质上是由问题驱动的，如果没有问题就没有进步，就没有人类社会所有的科学技术的发展。我们对于这个世界的探索有两个维度：

第一个维度是向内探索。不断地追问自己：我是谁？我从哪里来？我要到哪里去？这是哲学上的三个命题，你要先了解自己。一本畅销书定位的底层逻辑是选题定位，选题定位的底层逻辑是IP定位，IP定位的底层逻辑是职业定位，职业定位的底层逻辑是人生定位。你要出一本什么样的书？你要搞清楚书跟你IP定位的关系，你和IP定位的关系搞清楚了，你就要搞清楚你的职业定位，你的职业规划是想有一个什么样的人生使命。你的人生定位其实就是向内不断地去问自己很多表层的问题。你只有向内自我提问，你才能搞清楚自己的人生使命是什么。

第二个维度是认识自我、认识世界。这是向外部世界探索和提问。马斯克说要探索火星，拯救人类，就是要向外部世界去探索。

我们对世界的认知离不开对这个世界的发问。人类整体对这个世界的探索离不开人类整体对这个世界的发问。人的认知边界是无法超出你的想象的，而你想象的边界其实就是你对这个世界发问的边界。

那什么样的问题是好问题呢？我们要识别表层问题和本质问题，最根本的就是要遵循马斯克所说的第一性原理。当你去解决表层的问题时，得到的都是表层的答案。我们还要学会去识别什么是本质问题，即最根本的问题是什么。

从最根本的问题入手，你要先找到问题之源。而这最重要的是要做到三点。

第一点，拉长视野去看一个问题。因为今天看起来对的东西，明天可能是错的。事情在变好之前，往往会先变坏。或者说，事情变坏之前，往往会先变好。这就是要你拉长时间之后再去看问题。

第二点，你要站在一个更高的维度去看问题。三维强于二维，二维强于一维，就好比我们对一本书的定位，出版人的工作都是做书的，那很可能就看不到一本书更大的价值。如果你了解书的本质是价值的发掘和价值传播的媒介，你就可以看到更多的媒介同样承担了这个价值。

第三点，你要站在一个更深处去看问题。你要探寻事物本质，就要看细节，深度思考。很多时候人面对现实生活中的问题都是浅尝辄止，这很难找到答案。比如，你向一个机器人提出一个浅层的问题，你就得不到很好的答案。能够利用人工智能得出更好答案的人，都是善于深度思考的。

好的问题，是引导对方自己找到答案。真正好的咨询教练，都是提问高手。其实问题往往是最好的答案，引导对方解决问题的问题，应该是能够激发对方去思考，去探究的。

每个人都可以出一本书

今天这个时代，我觉得每个人都可以出一本书。我刚进入出版行业的时候，我的老板说过这么一句话："每个人都可以成为一个畅销书作家，每个人的故事都可以拍成一部奥斯卡获奖电影，因为生活比小说更精彩。"

真正好的故事是平凡中不平凡的故事。如果有一个导演能够跟拍每一个普通人的一生，把他关键的那些点截取出来，就是一部奥斯卡获奖电影。如果每个人的故事里都有不平凡的一面，以一种你想要写一本书的思维去看待你的人生，你就要去思考你的人生主线，这书是写给谁看的？我能够给对方提供什么价值？我怎么活出自己？如果你的终极梦想是，把你最重要的人生经历、最擅长的事、最有价值的经验变成一本书，那你的人生会活得更精彩！

作为一个图书出版人，我愿意给什么样的人出书呢？什么样的人出的书能成为爆款书呢？我觉得一定是有愿力的人，在这个领域里面有深度积累的人。从理论上来讲，每个人都可以在一个领域里面有几十年的深度研究。但是，为什么有些人不能长期在一个领域里专注地做事情，到老了之后发现自己没有什么擅长的事？就是因为他们想要的东西太多了。

从每个人都可以出版一本书的角度来讲，最重要的其实就是你的人生定位。定位是什么？定住你自己，守住你的位置。定就是定力，位就是位置，定住你的位置。有些人很年轻的时候就清楚自己的人生使命，他能够有定力地不断去往前探索，能够守住自己的位置，这样的人的人生变成一本书一定很精彩。因为他的人生就是对这个世界探索的一本书。如果你能够找到你人生中最重要的事情，最能够帮助别人解决的问题，修炼自己最核心的能力，你的一生一定是非常幸福的。

一个人探索自我定位的过程，是一个动态探索的过程。每个人不同阶段的需求是不一样的，随着科技、一切新鲜事物的发展和进步，我们也需要顺势而为。当你能够知道少就是多、慢就是快、后发先至时，你就能在变化中更好地把握人生的主线。当你知道你的人生主线什么是不变的时，你就能更好地践行自己的人生使命。

随着人工智能的出现，作为一个做内容的人，我会思考如何将它运用到我的行业当中来。而不是人工智能出现了，我就换一个赛道做人工智能。那些总是去追风口的人，就是因为他们没有自己的定力，而没有自己的定位很可怕。所以，每个人都可以抱着我可以写一本书的思路，去看待自己的人生。这样你就会不自觉地问自己，我的人生主线是什么？我要活出什么样的人生？我要给这个世界提供什么？

当你抱着这样一种心态去看待你的人生的时候，你就能去写你最重要的一本书。感知你最核心的能力是什么，你会很清楚你什么时候偏离了自己的核心能力圈，什么时候是在自己核心能力圈的中心做事情。人要在自己最核心的领域做事情，不要跳出自己的核心能力圈。因为你无法穷尽这个世界上所有的知识。

当你有了这个意识，你会发现这样的人生是很精彩的。你深入地研究一些东西，就一定有自己的经历和体会。如果你能够找到自己的稀缺性、相对优势，就能够从比较优势到相对优势再到绝对优势，去打造独一无二的自己，那这本书一定是独一无二的。

我为什么要出一本定位的书？因为每个人的人生都可以变成一本书。人生如书，书就是你跟这个世界的一次对话，是你跟这个世界上更多的人对话的一个媒介，他们往往会给你更多的反馈，能够促使你做更好的自己。

在个人IP时代，如果我们每个人都能够去思考自己的定位，就有可能出一本书。这本书里面给到了一些工具。比如，工作手册。在今天竞争主体的颗粒度已经小到以个人为核心的时代，你能不能很好地书写你的人生呢？你需要把自己活出一本书，活出自己。其实写一本书没有想象的那么难，我总结了两个写书的方法。

第一个方法是搭骨架。如果你习惯做工作手册的整理，那么把自己的工作手册转化出来，就是书的一个骨架。你的人生积累了什么样的工作手册，就意味着你有哪些东西可以为他人提供价值。

第二个方法是填血肉。你工作手册每一个点滴的积累对应着自我人生每个阶段里的感性故事，这些就是血肉。比如，关键时刻的抉择、品牌发展的故事、经营管理方法论积累的故事、价值观的升级过程……关键时刻的抉择可以写当时受到了什么人的影响，遇到哪些波折，你是如何克服困难的。品牌发展的故事可以写第一个客户是怎么得到的，第一次与客户的冲突是怎么解决的，你又是怎么实现业绩从0到1突破的。经营管理的方法论就跟你的专业有关了，可以写你每一条心得、总结、方法与流程的确立，受到了什么人什么事的影响。写你价值观的升级过程，更是与内心的拷问和他人对你的点滴影响有关。

骨架有了，血肉也有了，每个人都可以写成一本书了，但书有没有市场，能不能影响到一群人却说不定。

每一波科技发展的趋势都可能会让一部分书没有市场。出版是最早的知识付费，它过去承担了太多的价值传播的功能。网络文学替代了大部头的娱乐、武侠、奇幻小说的出版，知识付费替代了相当一部分时效性强的、更适合以视觉和听觉呈现的、更适合互动性学习的知识性书籍的出版。ChatGPT 和人工智能估计又会替代一大批二手知识整理的纯知识性书籍的出版。

ChatGPT 和人工智能会消灭书籍吗？我总结了五个观点。

第一个观点：我认为感性的、有温度的、有故事性的、有情绪的书籍在人工智能时代下具有反脆弱性。所以知识博主一定要从讲干货到练习讲故事、练习共情，在情感、经历上与读者寻求共鸣。我们往回看一下，好像没有几个人会记住那些教材习题、课外辅导书的作者和编者吧。往前看一下，可能书籍与课程的差异，与人工智能的比较，优势恰恰是感性。

第二个观点：我理解的未来最刚需的书是启发式的、有温度的书，就好比与读者来一次隔空对话，不经意间的一句话、一个故事、一个观点，都能给人以启发。

阅读不止于知识本身，更大的意义在于激发他人的思考、共鸣、想象与对世界的发问。隔空对话，如果对话的价值能穿越更大的时空，就能让书从畅销到长销再到经典。其实古往今来传世的作品大多是故事和情感的书籍，今天畅销和长销榜上持续热卖的故事、人文、历史与抒发情感的书占比越来越大也说明了这样一个道理。

第三个观点：ChatGPT 和人工智能对于我们创作的辅助可以是定位、目录大纲的优化、文字编校、角度的扩充等，相当于你可以站在海量数据的理性推导之上去进一步思考和创作，但是你独有的经历、体悟恰恰是最稀缺的。

第四个观点：很多人说 ChatGPT 会使得人人可以创作，人人可以写书，某种程度上来讲没错，但是其实我想说的是，它使得价值出版的门槛实际上提高了。

因为对感性的故事、经历体悟与理性的知识之间的融合要求更高了。一部分功利的阅读需求被 AI 互动替代了，用户的时间更宝贵了，能让用户愿意下单的书要求更高了。

第五个观点：未来的书一定不会追求理性的全面，恰恰应该追求有瑕疵的极致的感性。

你的主观表达有人反对，有人支持，情感上的共鸣大于理性上的全面和公允。有着独特经历的有趣灵魂成了出版策划人捕捉的目标，我进一步觉得互动式创作迸发出来的感性之光更加重要，我觉得更多的出版人可能会朝着灵魂捕手的方向转变。这可能就是，AI 技术最后一公里需要到达的地方。

过去，人类社会发展受到技术的限制，因此我们只能以纸质的形式来保存和传递人类的智慧、经验和情感。随着科技的不断进步，我们现在有了更多的媒介来代替书籍这一载体，如电子书、有声书、音频书和视频书等，这也为人类的知识传播和交流带来了更多的可能性。

当我们放下书籍作为传统纸质媒介的属性，从更本质的角度去思考问题时，每个人都有机会创作一本书，与更多人进行跨越时空的对话。如果一本书具有足够高的价值、足够深刻、足够温暖，那么它就有可能穿越时间和空间，不仅在当下畅销，而且会长期畅销，在流传后世的过程中不断激发人们的思考，引发更多的探究。这就是书籍的价值。

书可以跨越语言的局限，跟这个世界的所有文明来一场对话。我理解的书是人类的知识和情感的一个载体。万物皆可书，万物皆是书。

如果你想出一本书，我建议你先要找到一个出版商或内容策划人，然后再创作内容。因为今天的内容行业分工很专业化，有内容操盘手，有做书课的操盘手，有做短视频的操盘手，有做私域的操盘手，有做直播的操盘手。所以，你需要找到做出版的策划人，让他来帮你操盘，来寻找你的定位。

我们"书香学舍"帮老师们写书、出书、推书，也要去跟出版策划人沟通。比如，封面的设计、文案、包装，在制作的过程中，要参与其中去讨论和共创。

推广一本书也是一种共创，跟作者连麦，让别人给你拍短视频，获得用户的反馈，也可以迭代你的认知。你的核心经验在共创的过程中，也在迭代。这不只是一本书共创，不只是帮你打造出一个受欢迎的内容产品，更多的其实是在跟他人的交锋和碰撞的过程中不断迭代这些想法。你跟ChatGPT是一种共创，你跟机器人对话，利用它来帮你整理内容，其实也是一种共创。

人类作为一种更高级的物种就在于群体的共创力，人类社会持续的发展就在于我们可以越来越便利地让厉害的大脑相互连接。假如你出了一本书，书就可以作为你看到自己核心能力的指南针，因为书是你的社交杠杆，是你流量的入口，是你向他人展现自己的一张感性的名片，所以你要守住你的指南针。

04

定位与优势探索的方法

找准职业定位

在我身边，有很多在各个行业工作很久的朋友，他们每天兢兢业业，谨小慎微，可是并没有做出什么成绩。为什么？因为他们不了解自己的底层能力特质。

每个行业、岗位，都有着不同的能力要求，这毋庸置疑。但是，你不能在不了解自己能力特质的情况下，轻易地给自己设限。我们见到的成功的人，有内向的，有外向的，有好奇心强的，有企图心强的，有思维力强的，有学习力强的。具有不同特性的人，都有可能取得成功。关键在于如何发现自己的底层能力特质。

其实，市面上有很多测试能力的工具，可是我发现那些工具要么非常复杂，对普通人来说没有太大的借鉴意义；要么以偏概全，过于绝对，给大家带来更大的困扰。

所以，我一直很想开发一套适合大众的优势发掘工具，直到我在稻盛和夫的书里读到这样一句话："人生可以无限开拓，取决于我们秉持怎样的一颗心。"我忽然意识到，心是你链接一切事物的原点，心力是个人成长中最重要的东西。就好比武林高手的自我修炼，有心法，有招数，我们要取得成功，就要有道和术。于是，我们开发了这个 24 型心力测评工具。

心力就是心的修炼和能力的提升。一个人整体段位的修炼包括这两个维度。我们在开发这个工具时,研究了所有的心和力,以归纳合并同类项的方式,最后从心的四个维度——同理心、自尊心、好奇心、企图心,以及力的六个维度——沟通力、感知力、自制力、抗挫力、思维力、学习力出发,总共对应出 24 种特质组合。我惊奇地发现,这种对应关系,具有唯一对仗性和不可替换、不可分割性。如图 4-1,通过心力测试,可以了解自己的底层能力特质。

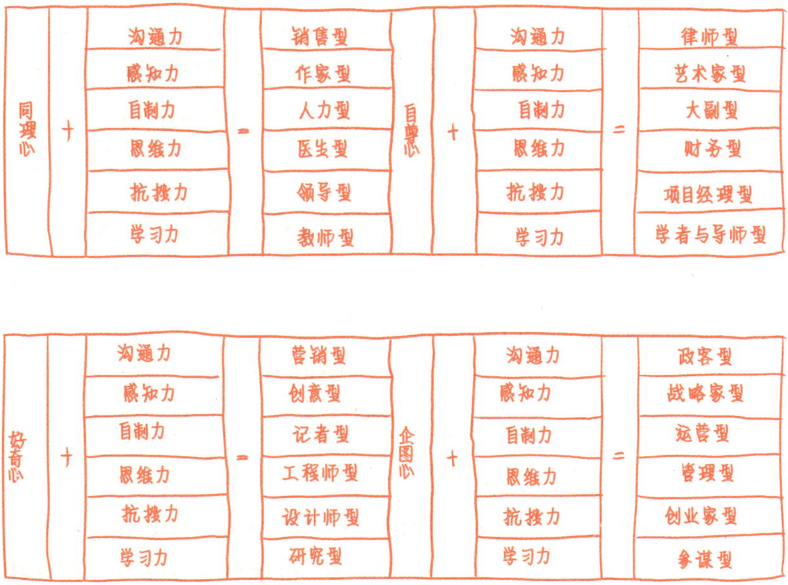

同理心 +	沟通力	=	销售型	自尊心 +	沟通力	=	律师型
	感知力		作家型		感知力		艺术家型
	自制力		人力型		自制力		大副型
	思维力		医生型		思维力		财务型
	抗挫力		领导型		抗挫力		项目经理型
	学习力		教师型		学习力		学者与导师型

好奇心 +	沟通力	=	营销型	企图心 +	沟通力	=	政客型
	感知力		创意型		感知力		战略家型
	自制力		记者型		自制力		运营型
	思维力		工程师型		思维力		管理型
	抗挫力		设计师型		抗挫力		创业家型
	学习力		研究型		学习力		参谋型

图 4-1 心力测试图

同理心,是关注他人的感受;自尊心,是关注个人的成就感和价值感;好奇心,是关注过程的体验;企图心,是关注最终的结果。沟通力，是跟人打交道的能力；感知力，是对身边的事和物的感知能力；思维力，是多层次、多角度的思考能力；自制力，是指管理自己，调控自己的能力，喜欢有规律、稳定的状态；抗挫力，是敢于冒险、探索与抗击打的能力，喜欢打破规则；学习力，是善于模仿，吸收理解知识的能力。

可以看到，同理心强的人习惯性站在别人的立场考虑问题；自尊心强的人则是注重自己的感受，两者是相对立的。好奇心强的人容易被过程吸引；企图心强的人，以结果和目标为导向，两者是对应的。沟通力强的人，如果有很强的感知力，就能让沟通更有效，两者是相辅相成的；自制力强的人，如果有很强的思维力，就能让规律性的东西更好地符合整体，两者也是相辅相成的；抗挫力强的人，如果有很强的学习力，就能更好地抗挫，两者还是相辅相成的。

开发这个工具之前，我们希望能从底层规律入手，从根本上解决每个人对自我的基本认知问题。这个工具开发之后，我们发现各个要素之间确实也形成了对应和互补的关系。

不同的人，心和力的维度不同，关注的重点也各异。借助这个工具，大家可以更客观地评估自己的特质，从而有针对性地进行补强增效，让自己的特质正向发挥。

拿我自己来说，我是一个企图心、思维力都比较强的人，属于管理者类型。在工作中，我注重目标感，以结果为导向。我在喜马拉雅做了一档节目，叫《超级思维》，全网有近100万人订阅，收听量有几千万。我讲思维方式的课程，开发心力测试工具，都体现了我的系统思维能力。

我在这么多年的职业生涯中，帮助过很多普通员工、企业家、高管及各行各业的专家做定位，在抽丝剥茧中，精准地找到他们身上最有价值的点，然后最大化地通过书或课的形式去放大，这也需要整体思维和框架意识。现在，我做全链路的 IP 开发，帮老师做书、做课、拍摄短视频，通过各种渠道变现，全链路帮助老师做策划，同样也体现了我的思维能力。

我有一个观点：短视频是为了吸引粉丝，直播是为了筛选用户，课程是为了变现，出书是为了破圈。这是一个完整的链路，能总结出这样的逻辑理论，其实体现的也是我的思维能力。

在内容策划圈子里，我就是正向地发挥了自己的思维特质，不断精进，才有机会在今天，<mark>能够像做投资一样做内容行业，不断地捕获更多的可能性</mark>。所以，了解自己的底层优势非常重要。了解之后，你才知道在工作中怎么跟人合作。拿我自己来说，我在跟同理心和感知力比较强的人做搭档时，能更好地发挥自己的优势。而且，我也知道对方跟我的特质不一样的地方在哪里，思考方式的差异在哪里，于是，我就能更好地跟对方，通过求同存异来统一步伐，从而获得最大可能的成功。

这个心力测试模型，是我联合很多心理咨询师、职业规划师等专业人士共同开发的。经过这几年的测试，准确性确实很高。非常希望这个工具能给更多的朋友提供帮助，大家可以对应这张图表，自测对应，从而找到相应的补充力，让自己的特质正向发挥。

个人定位的稀缺性原则

什么是稀缺性？稀缺性是指欲望总是超过了能用于满足欲望的

资源。一个超级 IP 是万万里挑一，而不是万里挑一的。

很多朋友说，我就是一个普通人，怎么可能是万万里挑一的那一个？实际上，你只是没能充分发掘自己的特质。我一直秉承一个理念，只要愿力足够强，每一个人都有可能成为一个畅销书作家，每一个人的故事，只要提炼得好，都有可能是一部奥斯卡获奖电影。

我给大家分享一个公式，稀缺性＝个人特质＋专业领域积累＋第二兴趣。按照这个公式去试着梳理自己，你大概率能找准自己身上的稀缺性。从个人特质来讲，每个人都有独特的性格、品质、能力等，这是跟其他人不一样的。

从专业领域积累的角度来说，能在一个领域积累 1 万小时经验，就是万里挑一了；积累到 3 万小时，至少是百万里挑一；与个人特质结合起来，就有可能是千万里挑一。如果能把第二兴趣结合起来，就有机会做到万万里挑一。

举个简单的例子，与我合作的韩秀云老师。她的个人特质具有女性天生就有的亲和感，又有很强的镜头感，表达能力也很强。说她万里挑一，一点也不为过。

在专业领域里，她讲了 30 多年的宏观经济，经验积累多达 8 万小时以上。在专业领域积累上，她已经可以说是千万里挑一。这个时候，清华大学教授、女经济学家这样稀缺的身份，给她在专业领域的加持，已经是再自然不过的。这个时候，你说她是万万里挑一，相信没有人再有异议。因为她已经具备了绝对稀缺性。

再看韩老师的经历，在 2003 年的时候，她就开始参加各种各样的电视节目，其视频表现力极强，表达这个第二兴趣被她发挥得淋漓尽致。当时，她就已经火过一次。

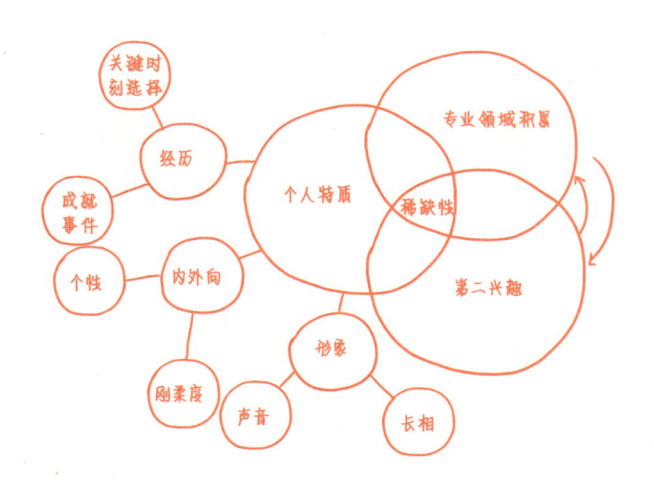

图 4-2　稀缺性公式图

各种因素叠加在一起之后，在这个领域很少能找到几个像韩秀云老师这样的人。所以，韩秀云老师身上具有超级绝对的稀缺性，她只要一出来，就是一个超级 IP，这是自然而然的事情。所以，我们和她合作的课程卖爆了，她做短视频，不到一年时间，就在全网积累了上千万的粉丝。

很多朋友会说，像韩秀云老师这种万万里挑一的人，一般人很难模仿，也很难做到。这样想的朋友，就是只看到表象，把自己限制住了。你要能在一个领域坚持 30 年，你也是千万里挑一的稀缺。而且像韩秀云老师一样，每个人都有自己的稀缺性。只要找准定位，持续投入，把个人特质、第二兴趣都结合起来，你就有机会变得像大咖一样厉害。

关于第二兴趣，其实很多人是有误区的。很多人觉得，第二兴趣就是业余时间做的事儿，甚至第二兴趣会影响自己的主业。这么理解是机械性的思维，专业和第二兴趣是可以相互促进，相互转化的。

韩秀云老师的本职是大学教学，但是她也参加电视节目，做财经类节目的评论员。刚开始的时候，参加节目是她的第二兴趣，随着她在视频领域的火爆，她成了超级IP，她的第二兴趣就跟她的主业完美融合了。在这个过程中，她的主业并没受到影响，还开发了自己的副业，这就是第二兴趣的价值。

所以，我认为人还是需要有一些兴趣的。就我自己而言，大学时我学的是编辑出版专业，同时我特别喜欢研究商业财经，看过很多商业管理的书籍。现在我做图书出版，正好可以把我的专业积累、第二兴趣及个人特质完美地融合在一起。这就是我的稀缺性。

现在这个时代，有些稀缺性甚至不是按照传统意义上的基本需求进行分类，更大的可能是两种特质和专业叠加在一起产生的。比如说，一个销售员，喜欢研究心理学，销售和心理学叠加起来，就变成了销售心理学；一个英语学霸，喜欢演讲，叠加起来，就变成了英语演讲；一个历史学家，喜欢幽默，叠加起来，就变成了趣说历史；一个数学学霸，喜欢文学，他甚至可以用数学思维去分析文学作品。

与我合作过的老师，自发光品牌创始人J小姐，是意大利佛罗伦萨大学建筑系毕业的学霸，这是她原来的专业。她曾经比较胖，后来通过科学的方式减肥变瘦变美，这是她的经历，构成了她个人的特质。她的第二兴趣是喜欢研究女性的审美和穿搭。我们后来给她梳理定位为"科学变美J小姐"，因为她是用理工科思维拆解美的底层逻辑，去教人变美，把第二兴趣变成了自己的主业。她就是将个人特质与专业结合，又把第二兴趣叠加，从而找到自己的事业方向，并让自己具有万万里挑一的稀缺性的个人IP的典型例子。她也因此早已实现了每年几百万元的个人IP变现，有一群非常认可她的女性拥趸。

很多人习惯于把兴趣和工作分得清清楚楚，工作就是工作，兴趣就是兴趣，这是不对的。我们需要思考事物之间的相关性，你不能把自己的主业跟第二兴趣完全割裂开。这样做的话，就是给自己设限。把你的个人特质、专业能力与第二兴趣结合起来吧！相信你也可以找到自己的稀缺性，最大化地发挥个人的能力。当然，个人定位的稀缺性，最大的变量就是时间，不论你做什么定位，请相信时间的回报。加油！

优势是个人特质的正向发挥

我有一个观点：没有绝对的优缺点，只有相对的优劣势。所谓优势，是个人特质的正向发挥。优势＝个人特质×正向发挥。

很多人都喜欢从点的角度来看待自己，这样理解优势会有偏差，并不透彻。因为点是固化的，是静态的词。在心理学上，有个概念叫聚焦错觉。在一张白纸上，有一个黑点，如果你一直盯着黑点看，就会觉得这个黑点越来越大，你会让自己陷入情绪内耗、自我否定中。所以，你要学会从势的角度去看待自己。因为势是相对的概念，是动态变化的。

从势的三个角度看待优势和劣势，会更客观。

第一个角度，看到环境的不同。一瓶可乐，在普通的小卖部，卖三块钱；在五星级酒店，要卖几十甚至上百块钱。可乐的价格，跟个人的特质是有相通之处的。在不同的环境中，每个人表现出的状态是不一样的：是偏好的还是偏坏的，是正向还是负向的。

能说会道这种特质，对销售员来说可以形成优势，但对一个需要安静的图书编辑来说，反倒可能变成一种劣势。这就是对优劣势相对性最常规的理解。

第二个角度，在不同的环境中，同一个人的表现也是不同的。领导者的性格，公司的环境，公司的发展阶段，岗位的特点，行业的特性等，都会对个人表现产生影响。如何发现自己的底层特质，并将特质最大化地正向发挥，这是最需要认真考虑的事情。人应该主动驾驭自己和环境。

俗话说，三百六十行，行行出状元。不同的行业里，不同的岗位之上，都有不同特质的人取得成功。为什么有些人能取得成功？恰恰是因为他们能正向地发挥自己的特质。我们开发24型心力测评工具，目的就是帮助大家更客观地看到自己的特质。

在工作岗位上，根据个人特质，有选择性地发挥，能更懂得用己所长，借他人之长，形成互补，每个人都获得成长。比如，同样是编辑岗位，内向的人可以做文字编辑，外向的人适合做策划编辑。侧重点不一样，结果也不一样。企图心和思维力比较强的管理者类型与同理心和感知力比较强的创作者型同事进行互补，一个发挥方向感的优势，一个发挥文案创作的优势，就能更好地为一个内容产品赋能。在这个过程中，你不是被动去做，而是要主动选择。要让个人特质保持正向发挥，你需要主动驾驭自己。

第三个角度，后天修炼对特质会有改变。很多人认为，特质决定了我先天适合做什么，那我就一定要去做什么。确实，天赋对一个人的成就会有影响，但这种影响并不是决定性的。

比如，你思维力很强，善于思考，可是你不去思考，那这种特质就没有成长，也很难变成你的优势。我从不认为后天没办法改变，只要你愿意去修炼。在持续动态变化和调整的过程中，你会发现，你的优势已经逐渐建立起来。

具体来说，正向发挥个人特质的关键点有以下四点：

第一，建立自主评价系统。很核心的一点，就是建立自主评价系统。依赖外部系统对自己做出评价，缺点是不够稳定。外部系统好，你就觉得自己行；外部系统评价不好，你就觉得自己不行。所以，外部评价只是辅助，一定要有自我评价系统，从而更好地看到正向的反馈。

第二，找到目标，增强定力，朝结果努力。做事情的时候，要有目标，有定力，二者缺一不可。带着目标和定力去努力的时候，自主评价才是客观的。

第三，运用小步原理，今天比昨天更好。有了目标还不够，你要把它拆解开。很多时候，目标太大，实现不了的话，就会有挫败感。运用小步原理，今天比昨天更好，一步步去积累优势，动态地积累。

第四，让外部环境助推自己。正向发挥个人特质，处于优质环境中也非常重要。你身边那些很牛的人、很积极的人，会给你正向的鼓励，推动你不断向前，更好地发挥个人特质。

当然，任何一件事情都有两面性，就好比你的手有手心和手背一样，没有人可以把好和坏完全地割裂开来。重要的不是怎么消除坏的方面，而是如何正向地发挥好的方面。

对个人特质的正向发挥有一个比较系统的认识，可以帮助大家避免很多的狭隘想法，能客观地看待个人特质和底层优势，从而活出自己真正值得的样子。

发现自己真正的优势

你认为的优势不一定真是你的优势。因为有些朋友在看待优劣势的时候，并没有保持客观，而是听凭自己的感觉。心情好的时候，一切都好，劣势也会被看成优势，瞬间觉得自己无所不能；心情糟糕的时候，一切都不美好，优势也会被看成劣势，立刻就会全盘否定自己。

这两个常见的极端，让人处于两种截然不同的状态：要么陷入无所不能的陷阱，要么承受自我否定的痛苦。之所以陷入这样的困境，正是因为缺乏客观衡量优势的标准。于是，受到认知偏差的影响，在大多数情况下，你认为的优势，并不真是你的优势。找到自己真正的优势，在优势领域做事，才能更好地投资自己，才有更大的成长空间。

图4-3是优势自查图，具体来说，找到优势领域的方法有以下五个：

第一，也是最重要的一点，去做最喜欢的事。你对某件事情非常热爱，就是喜欢去做。喜欢这种意识非常重要，会推动你在某件事情上倾尽全力。像谷爱凌，她就是喜欢滑雪，从小就喜欢。她不断地滑，不断强化喜欢的意识，从中不断找到改进的方法，她的成就越来越大。所以，对自己喜欢的事情不要过度克制，多尝试，多去做，慢慢地，你就能够发现自己的优势。

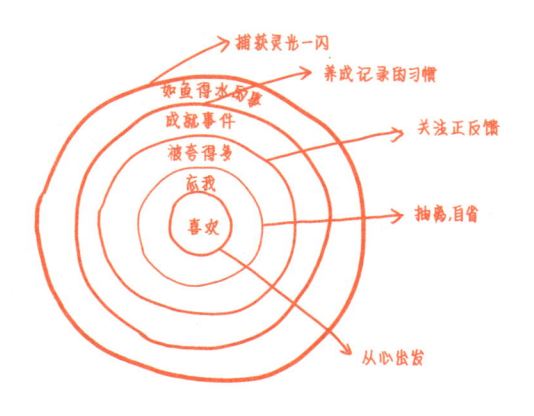

图 4-3 优势自查图

第二，投入到能让你忘记时间的事情中。如果你不知道自己喜欢的是什么，那就看看什么事情能让你忘记时间，也就是能让你进入忘我的状态。你全身心投入其中，得到很美好的体验，说明你对这件事有很高的热爱度。即便是游戏打得好，也可能包含了你在某方面的优势。当你发现你在做某件事情的时候已经忘记了时间，这也许就是你的优势领域。这时，你要把自己抽离出来，保持自省的态度，你会更容易发现自己的优势。

第三，找到被人夸奖最多的点。如果你还是不知道什么事情能让你忘我，那就思考一下，你经常被别人夸的点是什么。即便只有三四次被夸奖，也可能隐含着你的优势所在。很多人第一反应会说，我没被夸奖过，大都是被否定。

然而，实际情况可能并非如此，常见的原因有两个。

第一个原因：人对负面信息的敏感度往往更高，所以你没有关注到别人的夸奖。你需要有意识地多听取夸奖的信息，才能发现自己的优势领域。

第二个原因：你给别人的负反馈比较多。别人明明在夸你，你却要怼回去。久而久之，就没人愿意夸奖你了。想听到别人的夸奖，你要不断给出积极的回应。形成一个正向循环之后，你就能听到越来越多的夸奖，从中找到自己的优势。

第四，回想你曾经获得最多成就感的事。如果你对别人夸奖你这方面表现迟钝，那就看看你在什么事情上取得过的成就最多，这大概率就是你的优势领域。有很多朋友，工作了很多年，简历上都体现不出他们取得的成就。

我在帮一个广告创意老师打造 IP，做个人经验孵化的过程中，发现他已经积累了上百万字的工作手记。他的成就事件，在简历中罗列得非常清晰。把这些成就事件分门别类地归纳，真的可以发现自己的优势所在。所以，你会发现，有意识地记录自己的成就事件很重要，一定要养成记录成就事件的习惯。

第五，留意做起来如鱼得水的事。人的一生就是一个不断通过与外部世界碰撞，探索自我的过程。你在面对一件可做可不做的事情时，抱着尝试的态度去做事，你一定遇到过忽然灵光一现，有种如鱼得水的感觉，这个时候你需要特别留意。这是一种很奇妙的体验，过程往往十分短暂。很多人没有注意到这灵光一现，也没想去捕捉和重新体验，结果失去了发现优势的机会。

但是聪明的人，懂得把这种如鱼得水的感觉珍藏在记忆中，并且去刻意重复创造这种感觉。为什么要这么做呢？要回答这个问题，只要反问一下就足够了：为什么不多次去创造这种美妙的体验呢？这种如鱼得水的感觉，这种美妙的体验，往往就是你的优势所在啊。

你有没有发现，从喜欢到忘我，到被夸得多，再到成就事件和如鱼得水的事，是一个由内到外不断向外展示和扩大优势能量的过程。其实发现自己真正的优势并不难，只要愿意用心去体会，一定会有所发现。

如果你还是觉得看不清自己真正的优势，不妨用我的五个方法去审视一下。看看你给自己定位的优势是不是客观的，你以为的优势是不是真的是你的优势。

优势的几个层次

人生最大的悲剧不是没有钱，而是不知道自己的优势是什么。因为几乎一切的成就、快乐、幸福感的获得，都立足于一个人是不是在做自己擅长的事，是不是在发挥自己的优势。

如图4-4，我总结了优势的三个层次：比较优势、相对优势、绝对优势。

优势的第一个层次是比较优势。很多人一进职场，首先喜欢跟别人比较，比谁工作做得好，比谁的能力强。一般来说，这是新人间常有的事。可是太过活在比较里，反而不会有太大的长进。因为比较优势，更应该是具体竞争中的一种战术思维。在具体拿下某个单子，达成某个目标的时候，你可以去思考自己的比较优势是什么。你完全没必要受困在今天和过去的某一天比哪个同事来得早，或走得晚，这种为了比较而比较，多存在表象里，它对你个人优势的积累和发挥的战略层面影响并不大。

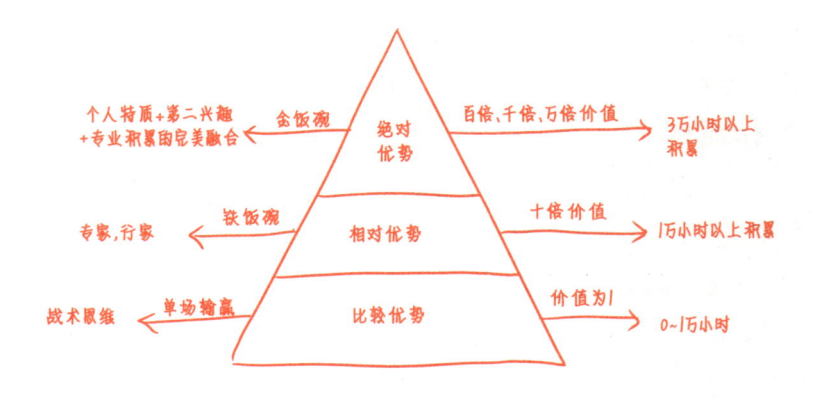

金字塔图(金字塔从上到下三层):
- 顶层:绝对优势 — 左:个人特质+第二兴趣+专业积累的完美融合(金饭碗);右:百倍、千倍、万倍价值(3万小时以上积累)
- 中层:相对优势 — 左:专家、行家(铁饭碗);右:十倍价值(1万小时以上积累)
- 底层:比较优势 — 左:战术思维(单场输赢);右:价值为1(0~1万小时)

图4-4 优势层次图

一个人在发挥和积累优势的过程中,一定要从战略层面去看,才更有意义。这个时候,就涉及相对优势和绝对优势。

优势的第二个层次是相对优势。一般来说,想拥有相对优势,就需要你在一个行业至少积累1万小时。很多人会跟普通人去比谁更懂健康,谁更懂养生,可是,很少有人愿意跟医生去比谁更懂健康,谁更懂养生。也很少有人跟一个美妆博主去比较谁更懂得美,更懂得化妆。因为他们是在各自专业领域积累了上万小时经验的行家。这就是对大多数非专业人士而言的相对优势。普通人跟他们比较的话,能感受到的只有处于劣势的痛苦,而不是占有优势的快感。对大多数人来说,跟拥有相对优势的人做比较,其中的差距是无法逾越的。这就是相对优势给人带来的影响。

第三个层次是绝对优势。能拥有绝对优势的人,通常需要至少3万小时的积累。在行业内,他们是屈指可数的佼佼者。在专业知识方面,很少有人能达到他们的水平。这个时候,他们不仅仅是专业的,而且能把自己的个人特质、第二兴趣和专业积累,做到完美融合，从而形成自己稀缺的万里挑一的优势。这就是绝对优势的绝对性所在。

与别人相比，如果比较优势是1和2的差别，那相对优势就是十倍的差距，也就是说相对优势的价值是比较优势的十倍之多。绝对优势与比较优势比起来，就是百倍、千倍、万倍的巨大差别了。

优势的三个层次之间，差别非常大，在培养和发展优势时，需要根据自身的状态去充分利用优势。

当你只是拥有比较优势时，你的目光还停留在工作表面，这个时候，做好自己的工作，在表面看起来比别人更优秀，这就很好了。当你开始聚焦在实现从0到1万小时的积累时，也就能完成从比较优势到相对优势的跨越。当你跟别人相比有了相对优势，说明你在行业里已经算是相对优秀的人。在这个阶段，你就有了职业的铁饭碗，可以安身立命了。

过去，成为一个公务员，有一个事业单位的编制，就抱上了铁饭碗。今天，在个体崛起的时代，每个人都有可能成为超级个体，每个人都要为自己负责，完成相对优势的积累才是你的铁饭碗。

如何把铁饭碗变成银饭碗、金饭碗？其实就是你把自己的相对优势变成绝对优势的过程。当然，无论1万小时还是3万小时，这种积累都是有意识去做和有独立思考的积累，而不是机械化的、简单重复的时间叠加。

绝对优势的积累，都体现在细节里，在细节上有毫厘之间的差异。这种差距就体现在，绝对优势是要求你把个性特质、第二兴趣在细微之处完美地融入你的专业积累里面。

我在帮各行各业的老师打造个人IP的过程中，最重要的就是帮他们做定位。我发现，无论在线下还是线上，拥有绝对优势的人都是非常抢手的,是各家公司拼命争抢的对象。当我们找到一个拥有绝对优势的老师时,发现并建立合作的那一刻,其实就成功了80%。

所以,一个人的成长过程,要把目光放长远。通过你时间轴之上的有效积累,逐步发现和深入探索自己,实现从比较优势到相对优势,再到绝对优势的整体跨越。

记住!不要说自己运气不好,也不要说自己不够聪明,在时间的累积上,一切外因都可以忽略。运气、聪明跟时间的复利比起来,什么都不是!

刻意练习,在细节中看细节

刻意练习是一种有目的、有计划、有意识地投入时间和精力去提高技能和能力的训练方式。它要求人们要有明确的目标,制订有效的训练计划,并且在训练过程中不断地反思和调整,以达到更高的水平。图 4-5 是刻意练习图。

天赋都是磨炼出来的,每个人的成长过程中,不管你是天赋异禀,还是没有天赋,都需要坚持一样东西,那就是刻意练习。

对普通人来说,刻意练习有四个层次。

第一个层次,产生兴趣

我认为短暂的兴趣源于一时的好奇,持久的兴趣源于持续的正反馈。

那么,如何对一个东西产生兴趣呢?要从以下三点入手:

图中标注：

① 有仪式感
② 有习惯
③ 展现专业化形象

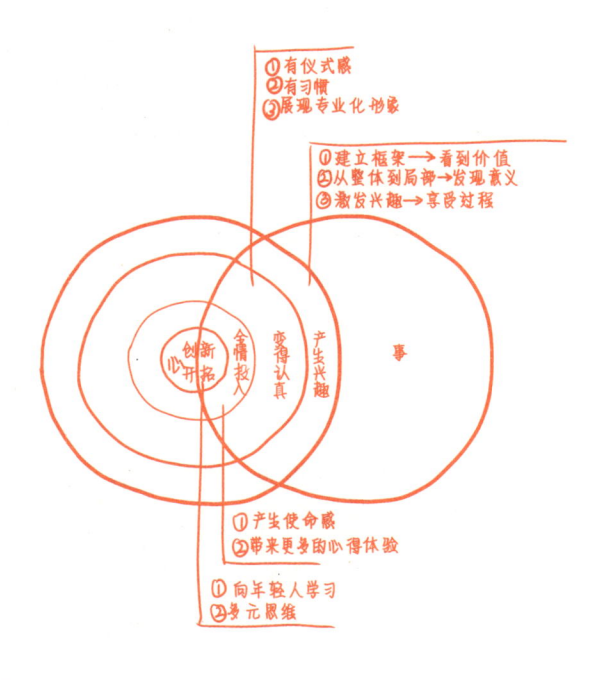

① 建立框架 → 看到价值
② 从整体到局部 → 发现意义
③ 激发兴趣 → 享受过程

中心圆：创新开拓 / 全情投入 / 变得认真 / 产生兴趣 / 事

① 产生使命感
② 带来更多的心得体验

① 向年轻人学习
② 多元思维

图 4-5　刻意练习图

第一，从整体入手，建立框架。想了解一个东西，要先看到它的全貌。就像爬山一样，你一定因为看到整个山很美，才愿意一步一个脚印，从山脚下开始慢慢爬到顶峰，去体验一览众山小的感觉。

你看到全貌，建立了框架，才能从中看到价值，发现意义。否则，你管中窥豹的话，见到的只是全貌的一部分，对价值和意义的理解其实并不全面。

第二，由整体到局部，发现更多可能。框架建立之后，可以从细微之处去发现更多的意义。每一个点、每一个面、每一条线，都能发现更多的可能性，找到更多的兴趣方向。

第三，激发兴趣，享受过程。激发兴趣离不开小步原理。当你把兴趣当作一个很大的目标时，往往会有畏难情绪。如果你能把它拆解开，每天完成一小步，并且让自己看到自己的进步，你就会十分享受这个过程。当这个过程结束时，你会发现，自己找到了成就感和价值感，这才是最重要的。

总之，对一个东西产生兴趣，要从整体入手，由整体到局部，才能找到更多的兴趣方向，激发兴趣是一个享受的过程。

第二个层次，变得认真

产生兴趣之后，你需要认真地做。你不认真，喜欢永远只是喜欢，永远无法变成真正有价值的东西。

那么，该如何理解认真呢？我总结了以下三点：

第一，要有仪式感。比如，工作的时候穿职业装，吃饭的时候选择好的环境，等等。在这个过程中，你会更愿意去重视，更能够认真对待。

第二，养成规律的习惯。体现一个人的认真就是能够坚持，但是仅凭意志力是不够的。所以，你要养成一个好的习惯，用习惯力去弥补意志力的不足。

第三，展现专业化形象。从产生兴趣到变得认真，其实就是从喜欢到变得更专业的过程。展现一个专业化的形象，有助于产生心理推动力，促使你不断提升专业度，变得更加认真。

总之，变得认真需要有一定的意识和努力，包括有仪式感、有规律的习惯、展现专业化形象等方面。

第三个层次，全情投入

在这个阶段，你会有两个不同的感受。

第一个感受是产生使命感。在全情投入的过程中，因为你足够专业，他人的认可和对你的持续需要，会让你产生使命感，开始对这件事有了愿景。你不只是觉得这件事情可以帮助别人、很有意义，而且内心坚定了要做这件事情的决心。

第二个感受是心得体验更多。全情投入时，你的工作效率会有极大提升，会产生更多的心得体验。

总之，全情投入是一种非常积极和有益的感受，可以带来使命感和心得体验。

第四个层次，创新开拓

所谓创新开拓，你可以这么理解：两个绝顶高手全情投入地PK，他们要怎么才能打败对方？最好的方式是看谁能出新招、出奇招。这个时候，就需要创新开拓。

创新开拓源于人的好奇心，我总结了两个创新开拓的方法。

第一个方法，向年轻人学习。因为创新源于想象，而年轻人的想象力是最丰富的。他们的思维活跃，因为他们没有那么多的条条框框，他们不受限，愿意去尝试不一样的东西。跟他们多交流，向他们多学习，可以感受思想的碰撞，给你不一样的启发。

第二个方法，开阔视野，融入其他学科的思维。优势的建立不能只限定在现有的领域内。所以还需要花 30% 的精力去开阔自己的视野，就如查理·芒格的观点，我们需要持续地在自己的大脑里建立多元的思维模型。当你把各种多元的思维模型，把各种学科的知识融会贯通，你就能一通百通，从而更好地迭代自己的想法。

总之，创新开拓需要向有想象力的年轻人学习，融入其他学科的思维，从而受到启发，不断地迭代出更好的想法。

刻意练习的最终目标，是在持续磨炼的过程中，发掘和提升自己的优势，在成长的道路上一马当先。

可是，很多人对刻意练习的理解并不深刻，理解也不到位。他们觉得所谓的刻意练习，就是要强迫自己去做一些自己不喜欢的事情。看完这节内容，相信很多人会对优势产生更深刻的理解。

通过我上面讲的几个层次和阶段，你可以看一看自己究竟处于什么段位，可以按照不同阶段的特点去刻意练习，慢慢就能向顶级高手靠近了。

放大优势链接力

只有专业主义，才能链接一切。只有被链接，你的优势才能被看到。但是，很多人都觉得自己能到处跟别人链接，这就是拥有链接力，他们认为什么都懂一点，什么都会一点，就能更好地跟别人链接。

在互联网时代之前，这种理解是有一定道理的。但是，在今天这样的时代，我认为只有专业主义才能链接一切，如图4-6，大家可以从以下四个方面来理解：

第一，要从主动链接到被动链接。你主动链接别人，是看到了别人的价值；别人主动链接你，则是你的价值被别人看到了。虽然只是一字之差，但其中的意义大有不同。

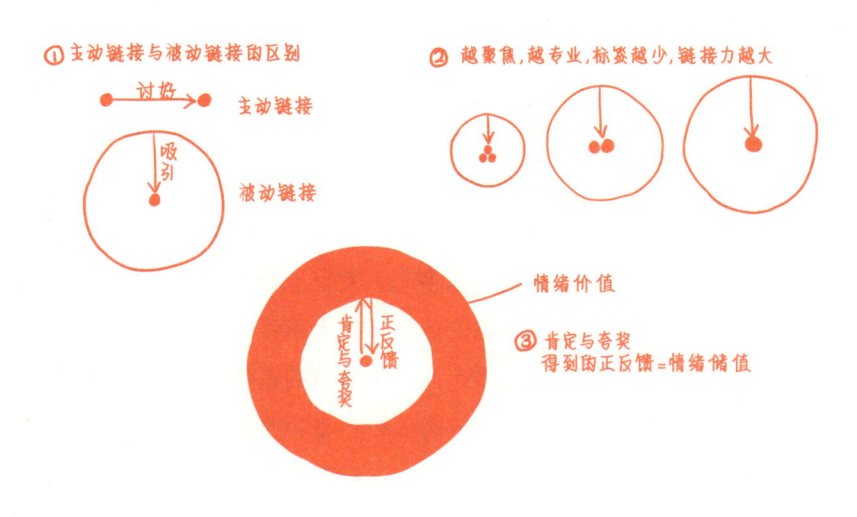

图 4-6 优势链接图

第二，被动链接体现了更强大的链接力。主动链接当然很好，体现了你有意愿去探索这个世界，但是被动链接，才体现了你更强大的链接力。因为你不是去吸引，也不是去强拉，你是去赋能，而不是贴上去服务。因为你做的事情被别人看到了，别人觉得你本身很强，才会主动跟你链接。互联网上，真正强大的人一定是等着被人链接的。

所以，我们输出自己的认知，打造自己的品牌，很大一个目的是把主动链接变成被动链接。这个过程实际上就是优势不断放大的过程。

第三，越聚焦，越专业，标签越少，链接力越大。一个人如果只有一个标签，只做一件事儿，只通过这一点去展现自己的价值，可能越容易被别人记住。因为足够聚焦，还能体现你的专业度。

如果有两个标签，做很多事儿，想通过全面性来展示自己，很多人反而记不住你。因为你不够聚焦，不够专业，标签的吸引力不够。

如果我在直播间告诉大家我是如何高效投资自己这门课程的主讲人，一百个人听到，可能有七八十人都记住了。但是，如果我告诉大家，我还开发了什么其他课，做过其他东西，能记住我的人可能就没几个。因为大部分人和我都是弱关系上的弱链接。不像线下熟人关系，是强关系，你越多才多艺，大家越觉得你棒。这就是网络放大效应，讲究越聚焦、越专业，链接力越强。何况人的心智带宽是有限的，不可能记住很多东西。越简单的东西，人们记忆和传播起来就越容易，它本身就是传播学和心理学讲的最基本的逻辑。

第四，学会给人正反馈，夸奖和肯定别人。链接能力的一个很重要的体现，就是给人正反馈，夸奖和认可别人的能力。当然，我们讲究的是中肯的、具体的夸奖，而不是形而上的夸奖。前沿脑科学专家的研究成果表明，一个人获得金钱奖励和被别人夸奖时，大脑产生反应辐射的区域，是十分接近的。也就是说，你夸奖一个人，就像给他"送钱"一样。从这里，你就可以看出，夸奖别人能给对方带来多么积极的情绪价值，说白了，这也是在给自己的社交做情绪储值。

很多人非常吝啬于夸奖别人，不想给别人"送钱"，结果呢，自己得不到别人的肯定，也很少体验到"收钱"的快感。你乐于夸奖别人，乐于与别人分享，乐于帮助别人，本质上是一种利他精神。"最大的利他的本质是最大的利己"，这一点毋庸置疑。你能给别人带去利益和价值，别人自然愿意主动链接你。

如果你能很好地利用互联网上的各种媒介工具，增强自己的链接力，你的优势完全不是一倍、两倍地被别人看到，而是十倍、百倍、千倍、万倍地被别人看到。

在这个时代，只要你的专业能力够强，你就有机会被人看到，你的链接力就会慢慢变强，最终和各行各业的人链接起来。你只要注重自己的专业能力和专业标签，即便你不是那么行，别人觉得你行，你不行也行。因为他人的反馈会推动你专业能力的精进。当然，如果你没有专业能力，也不注重专业能力，你的链接也是事倍功半的。

想增强自己的链接力，其实有很多的工具，尤其是在互联网平台上。比如，你可以在微博上写短文，还可以在微信上写长文。你可以在知乎上答疑，还可以在豆瓣上帮人写评价。你可以在短视频平台发布短视频，还可以在直播平台上做直播。

我们跟他人链接的渠道变多，形式变得多样化，对个体的成长来说，真的是越来越有利。以前是以文字和图片传播信息为主流的时代，现在是视频化语言的时代。如果你能重视短视频和直播，刻意专注地修炼自己这方面的能力，哪怕现在不那么行，从一个更长远的角度来说，这将是对自己投入产出比很高的投资。

当然，并不是每个平台、每个工具，你都要会用，但一定要有所了解。在这个基础上，选择最适合自己的平台和工具，去放大自己的链接能力，打造自己的品牌，这样，你对自己的投资，才会有比较高的投入产出比。

守住核心能力圈

IBM 的创始人老托马斯·沃森曾说："我不是天才，我有几点聪明，我只不过就留在这几点里面。"这句话告诉我们，每个人都要看到自己的局限性。不要觉得自己是无所不能的，这样才能客观地看待自己，更多地在自己的核心能力圈里面运作。

沃伦·巴菲特说过："如果说我们有什么本事的话，那就是我们能够弄清楚我们什么时候在能力圈的中心运作，什么时候正在向边缘靠近。"这句话告诉我们，摆脱了局限性，还要精准识别个人的核心能力。在不同的阶段，要掌握不同的火候，要有意识地审视自己。

沃伦·巴菲特的黄金搭档查理·芒格说："如果你确有能力，你就会非常清楚能力圈的边界在哪里。如果你问起（你是否超出了能力圈），那就意味着你已经在圈子之外了。"这句话告诉我们，凡事都要有敬畏心。当你在怀疑自己是否做着自己不擅长的事情的时候，那么你已经在做着自己不擅长的事儿了。

总结起来，这几句话告诉我们，千万不要轻易跳出自己的核心能力圈，这对每个人来讲都是至关重要的事情。

有一次，一个非常年轻的创业者问查理·芒格怎么才能走向成功。查理·芒格给出了特别简单，让我觉得特别棒的回答，他说："不要横穿马路，不要吸毒，不要染上艾滋。"很多人听完这句话，都一头雾水。

实际上，这个简单的回答里有几个非常重要的内容。

不要横穿马路，是说要尊重规则。不横穿马路是一个基本要求，基本原则，这是常识，每个人都要遵循常识。但是，人们往往不那么尊重常识。

横穿马路，是为了感觉上的方便。人就是这样，人在顺境当中，碰到一两个小坑，可能觉得没什么大碍，跳过去就行了。而着急忙慌的时候，一不小心，这些小坑可能会让自己摔个大跟头。明明知道这世界上让你功力倍增的大力丸，对身体的副作用更强，但你还是心存侥幸，想去碰。所有少走的路，最后还不是要走更多的弯路才能绕回去，为什么我们不去相信时间的回报呢？优势的积累是一步一步来的，这样的东西才是真正属于我们自己的优势。

不要吸毒，是说不要做违法的事。很多人在接受监督的情况下，会懂得遵循规则，但是在不受监管的情况下，会丧失自律。

吸毒，只有害没有任何利。它跟赌博一样，会让人上瘾，只想追求刺激。这种人结局往往最惨。

不要染上艾滋，是说不要图一时之快付出难以承受的代价。人要想守住自己的核心优势，面对欲望的挑逗要持远离、拒绝的态度。

在个人成长的过程中，众多诱惑会时不时地出现，引诱我们偏离自己的核心能力圈。上述三样东西，其实是对人的不同层面的诱惑，也是人类的三大坑。如果可以避开这几个坑，把自己的时间、精力放在那些对的事情上，在核心能力圈内多加运作，你的投入产出比会更高，离成功就会更近。

在互联网时代下，打造一个IP，其实就是要把他的价值最大化地发挥出来。核心能力越突出，越能满足用户的刚需，它的增长效应就越强。因为你一直在自己的核心能力圈里做积累，就算你的优势起初不明显，也会随着积累，越来越明显。这就是时间能给我们最好的回报。人生比的是长跑，而不是短跑。抵挡住诱惑，留在自己的核心能力圈吧！

05

动态平衡的赢家策略

动态平衡的赢家策略是指个体在不断变化的市场环境中，通过不断调整自身策略和行动，保持市场竞争力，实现可持续发展的策略。这种策略要求个体具备灵活应变、持续创新和不断学习的能力，能够在变化的市场环境中保持平衡状态，并不断适应市场的需求和变化，从而赢得市场的竞争优势，实现业务的可持续发展。动态平衡的赢家策略是个人长期发展的关键，能够帮助个体在不断变化的市场环境中保持领先地位，赢得市场的信任和忠诚度。

成事最重要的是愿力

稻盛和夫在他的《干法》这本书里面，提到了一个成功公式：人生与工作成果＝思考方式 × 热情 × 能力。这个公式非常棒，也给了我很大的启发，我把这个公式做了一点改动：好的结果＝愿力 × 思维 × 能力。我把热情变成了"愿力"，并放到前面，然后才是思维，最后才是能力。因为愿力，始于心。从心出发，点燃出热情，在热情之上，催化出价值追求，进而形成对愿景的执着之力，这才是成就一切事物的根本。

稻盛和夫认为，决定一个人能走多远的，是心力。我很认同"心不唤物，物不至"的说法，于是，我在这个基础上进一步思考和探究，开发出了24型心力测试工具。

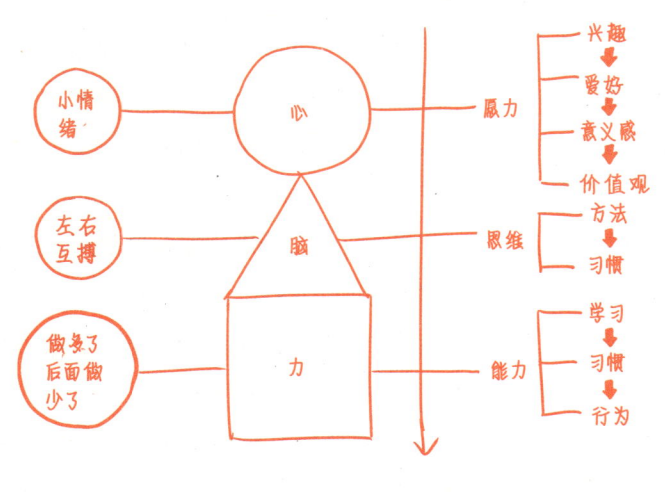

图 5-1 成事心脑力图

图 5-1 是成事心脑力图。没有人不想追求好的结果，可是常常被小情绪干扰，以至于没有了定见，头脑中的很多观点会左右互搏。有的人之所以产生各种小情绪，其实就是因为没有愿力，没有坚定的价值观。

一切始于心，终于心。心生愿力，愿意去做一件事情，你自然就有了热情。你有热情的时候，就会自信。这个时候你愿意动脑子去思考，就有了思维，就会有方法，并且你会在学习方法的过程中，有意识地培养自己的好习惯。你会因此主动学习，并懂得内化知识，把它转化成自我行为的一部分。你自然就有了解决问题的能力。三者叠加之后，好的结果自然会出现。从这个角度来说，一个人要走向成功，其实就是心、脑、力这三个维度，自上而下修炼的过程。

一个人的成功，其实也有三个层次。

第一个层次是用蛮力去做事。坚持努力的话，也许会成功，但是在今天这个时代，概率极低。

第二个层次是用思维指导行动。总结经验教训，避免重复同样的失败，靠方法和聪明来成事。这个段位，成功的概率变大了，但是也可能陷入用战术上的勤奋掩盖战略上懒惰的陷阱。

第三个层次是从心出发，把愿力当作走向成功的灯塔。在你孤独无奈的时候，它可以化作意志之力，帮助你穿越迷茫和无助。

可以说，无论普通的个体还是创始人，最高级的追求和成功，都是价值观。而坚定的价值追求，反映的就是愿力。只有愿力才能帮你在一个领域落地生根，让你享受时间的回报。

当你有愿力的时候，你就能自然而然地构建你看待事物的框架。你不会让道听途说的方法和各种自相矛盾的建议影响自己，让自己左右互搏。因为你知道什么该做，什么不该做，你会以价值观去指导自己的实践。

无论是史蒂夫·乔布斯还是稻盛和夫，或者是雷军、任正非，凡是真正厉害的人物，都是以心法为先的。史蒂夫·乔布斯说"follow your heart"，雷军说"顺势而为"，都是在输出自己的价值观。

那么，怎样才能培养自己的价值观呢？其实，可以分为四个阶段。

第一个阶段，从兴趣出发。在这个阶段，你知道自己对什么感兴趣，你可以对很多事物都感兴趣，因为感觉有兴趣的，你并不一定去做。即便做了，很可能也只是轻微尝试。

第二个阶段，形成爱好。从兴趣到爱好的过程，就是一个从感觉喜欢，到多多尝试的过程。把做某件事变成爱好之后，你会经常花时间去做，感觉很爽，得到正反馈的频率会比较高。很多人的问题就在于，只是感觉自己有兴趣，却没把它变成自己的爱好。

第三个阶段，发现意义感。你喜欢做一件事情，但是没有思考事情背后隐藏的意义，你就无法找到驱动自己的力量。所以，我们要学会在爱好的事情里，有发现精神，在细微之处探究它与你和人生的意义。我常说，**发现意义感就是发现更多的可能性**，就是这个原因。

第四个阶段，树立价值观。你对意义感思考得越多，就越能在这个过程中建立自己的价值追求和使命。这个过程，就是你逐渐提炼自己的价值观，并形成愿力的过程。

当你培育了自己的价值观，就意味着你有了最基础也是最重要的后盾。你可以进一步知道该如何选择与谁为伍，与谁为友，与谁为敌。你会有自己的定见，你会有自我的价值评价系统，你会更自信，从而建立完整的自主思考系统，再加上你的个人能力，真正实现心、脑、力合一，自然而然就会得到好的结果。

你不一定会成为超级个体，但至少你该相信自己可以成为一个或大或小的发光体。学会为自己赋能，愿力是驱动你走得更远的发动机。

远离焦虑，打破内心的负面循环

生活中，很多朋友都会感到焦虑，而且越来越多的人表现出焦虑的情绪障碍。虽然表现不一，但是总结之后，我发现，焦虑的源头一般有三个。

第一，目标 > 能力

一个人给自己树立的目标太大，目标大于能力，感觉遥不可及的时候，就会让人觉得很焦虑、很痛苦。之所以会出现这种情况，通常是因为没有客观地看清自己的能力和潜力，同时拆商不够。

那么，我们应该如何客观地看待自己的能力和潜力呢？人们往往会高估自己1年之内取得的成就，而低估自己坚持一件事情10年会创造的可能性。因为，长期追求一样东西的时候，只要是价值的积累，一开始效果会比较小，我们要学会接受这个过程，但是，中后期就像滚雪球，很大程度上都会出现指数级的增长效应。尤其是个人能力和个人品牌的积累。所以，在制定一个目标的时候，要学会从一个长时间轴的视角去看，不妨降低自己对短期目标的高预期，同时可以把长期目标定高一点。这样，你的整体目标就更高了，可实现程度也更高了，焦虑反而少了。

再来说拆商，在拆解目标的时候，一定要避免平均用力。合理地拆解目标，是为了让自己客观地看到今天比昨天更好的自己，给自己正反馈。比如，你经营一家公司，今年营收1000万元，明年2000万元，后年3000万元，看着好像是每年都增收1000万元，其实你是在平均拆解目标，但是增长比例是不一样的。用平均分配的方式去制定你的目标，你很容易忽略积累的基数变大对你完成更大目标的助推效应。所以，你可以试着根据情况按照百分比去拆解目标。

当然，很多情况下，达到一定临界点之后，基数越大，边际成本越高，增长会越困难。这个时候也需要你客观地去观察环境和形势的变化。

第二，妄念，求而不得

一个人对自己的要求过分严苛，想要的又太多，追求一些根本无法得到的东西，就会产生焦虑情绪，这就是妄念和求不得带来的痛苦。

通常情况下，由妄念和求而不得带来的痛苦的表现形式有两种情况。

第一种情况，比较心过强。

有很多人都活在比较里。要知道，每个人的特质、经历都不一样，过度的比较没有意义。比较永远只能是一种策略和手段，而不能被当成目标。过分比较，其实是不愿接纳自己不完美的表现。

任正非坦言：我不愿意找那种特别追求完美的人，华为不用那些凡事都追求完美的人。他宁可要的人是有缺点的，也不喜欢追求完美的人。因为每个人都有缺点，追求完美的人，一定会忽略自己真正的价值。

第二种情况，想要的太多。

别人有的东西，你都想要，别人一个月挣两万元，你也想挣两万元，可是你没有那个能力，这就是求而不得。你不要总是盯着别人有的东西，而要着眼于现实，回归自己真正想要的。因为一个人，不可能什么都能得到。你盯着别人的目标，操别人应该操的心，反而忽略了更客观的自我评价标准。

第三，活在惯性里，害怕失去，恐惧未来

在成长的过程中，谁都会害怕失去已经拥有的东西，一旦感觉属于自己的东西受到了威胁，就会倍感焦虑。越是害怕失去，焦虑情绪就越严重。

不过，我们想一想，人这一生，生不带来，死不带走，失去是一种必然，我们在得到中失去，在失去中拥有。当你接纳失去的时候，就会理解，所有的失去都会以另一种方式归来。

因此，破除惯性陷阱可以促进个人和组织的成长和发展，提高适应环境变化的能力，创造更加积极和创新的未来。我总结了两条破除惯性的心法。

第一条心法是：重视清零意识和阶段性策略。

当你太害怕失去的时候，经验和过往的积累已经成为包袱，这往往是一个人走下坡路的开始。过去的成功已成为你走向未来更大成功的障碍。这个时候，你要做的就是清零自己，拥抱未来。

因为，人在追求目标的道路上，很多事物都会随着阶段的变化而不同。对于我们的人生而言，每个阶段都有新的、值得我们去做的事。所谓顺势而为，就需要你不断切换姿势，采取不同的策略。我们是不可能停在某个阶段止步不前的。

《正见》中提到"一切和合事物，皆无常"，人们却总喜欢用有常去抵御无常。因为恐惧未来的不确定性，是人的本性使然。

第二条心法是：保持好奇心，接纳无常。

人生最重要的就是体验，更多更好的体验源于我们对这个世界的好奇心。

当你享受到好奇和探索带来的乐趣时，你不只会认同这个世界不变的就是变化，更重要的是，你能够避免自己的痛苦，并享受痛并快乐的过程。这就是接纳无常，活在当下的力量。加油！

将心智成本转化为心智资本

心智成本是消耗时间的利器。在成长过程中，消耗时间的，是你的心智成本。你要做的，是把心智成本转化成心智资本，不能总是被心智成本束缚。

如果我们能够将心智成本转化为心智资本，并且不受情绪的干扰，那么我们就能够抛开所谓的时间管理方法，从而提高两三倍的效率。

月薪3000元、月薪3万元和月入30万元的人，他们之间有什么区别？月薪3000元的人，脑袋里装着的都是小情绪；月薪3万元的人，考虑的是如何把事情做好；月入30万元的人，琢磨的是还有什么事是有价值的、值得去做的。

那么，我们如何降低心智成本，构建自己的心智资本？有以下四个重点我们需要始终牢记：

第一，降低情绪内耗

我们首先要意识到一点，情绪内耗的原因就是你没有一套合理看待自己的自我评价系统。在自我评价系统里面，有三个最重要的词：自卑、自恋、自负。自卑的人把自己看得过低，跟别人比较总觉得不如别人。自负的人把自己看得很高，总觉得别人都不如自己。自恋可以理解为一个中性词，这样的人能够客观地欣赏自己。

我们终其一生的修炼就是在这三种状态下不断调试，追求自我评价系统的客观与平衡。

第二，过度关注自我，是坏情绪之源

你做所有事情都依赖于他人的评价，这是很痛苦的。你要摆脱以他人评价为主的状态，他人对你的评价应该是你对自我评价的一种修复和补充，否则的话，就很容易陷入小情绪当中。

当然，关注自我评价的时候，也不能过度关注自我，否则，你也会产生情绪，通常是自卑和自负。因为你不够客观，所以对自己的评价就会出现偏差。每个人都无法完全摆脱自卑、自负，因为你不可能绝对地看清自己，你哪怕有一套标准，也要时时刻刻审视自己。我更希望大家学会自恋，恋上自己。

当然，没有一套客观的自我评价标准，你也可能会过度自恋。所以这里讲的自恋，是基于一套客观的自我评价标准之上，审慎地看待自己，自我欣赏。这才是我们所提倡的自恋。

第三，关注正反馈而不是负反馈

当你能够以一个更高的维度去看待自恋的时候，你就能更多地聚焦于他人对你反馈中有意义的部分，也就是关注正反馈，而不是负反馈。以此来优化你的那套自我评价体系。只有这样，你进一步给他人的反馈才可能正向，同时才能吸收外部世界更多有价值的反馈。

第四，关注事情而不只是情

与他人之间要关注事情。事情，事情，有事有情。你不能只看一方面，而应该客观地知道事和情。你对他人情感需求的重视与否，会通过他人对你的评价反馈给你。

人生的三种状态：山是山，水是水；山不是山，水不是水；山还是山，水还是水。能够做到客观地看待事情，在做事的同时兼顾人情。这是从简单到复杂，再回归简单的智慧。

通过图 5-2 的心智资本图，我们可以看到，人的层次取决于自我评价体系的维度，维度越高，获得的收入就越高。如果能把心智成本转化成心智资本，不被情绪所困扰的话，你的认知就提高了，效率就提升了。

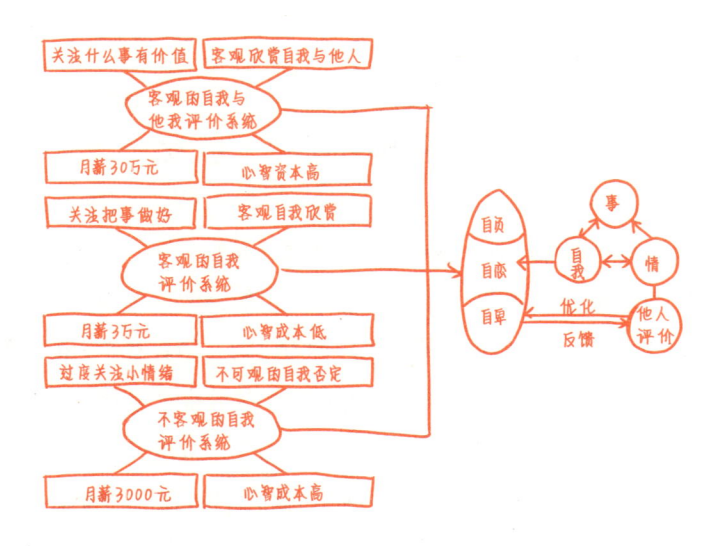

图 5-2　心智资本图

心智资本可以帮助个人更好地理解和掌控自己的情绪和欲望，从而更容易实现延迟满足。具有高水平心智资本的人，通常能够控制自己的冲动，考虑到长远的利益，而不是只满足眼前的需求。

该怎么做延迟满足的训练呢？我们可以从小事训练开始。具体有三种练习方式：

1. 不及时满足

比如，你有一件特别想买的衣服，试着不要马上去买，等过几天再去买。从各种类似的小事开始，练习自己延迟满足的能力，可以逐步提升自控力。

2. 做放下练习

这其实就是大家都很熟悉的断舍离，学会整理和清理自己不需要的东西。那些有断舍离习惯的朋友，往往延迟满足的能力也都不会太差。

3. 避免过度用力

所谓一张一弛，方可持续。有些人的生活就跟闯关一样，成了就很爽，不成就不爽，这种赌博性的尝试，其实就是不能自控，缺乏延迟满足能力的表现。

除了小事训练以外，我们还可以增加运动。

适当地做一些运动，真的很重要。比如，做一些耐受力训练，通过运动性疲劳期的突破，来达到提高专注力、增强意志力的目的。

另外，健康和乐观对于延迟满足能力的提升也很重要。健康和乐观的人，常常乐于享受当下。老想着过去的人，遗憾多；总想着未来的人，焦虑多。保持健康和乐观的心态，就是训练自己不要想太多。人健康和乐观了，就没有什么非要马上得到的了，因为当下就是最好的。

延迟满足也可以帮助个人提升心智资本。一个人能够坚持不懈地追求长期的目标，并愿意付出更多的努力和耐心，这种行为可以帮助他增强自我约束和自我激励能力，从而提升心智资本。

摆脱自动化陷阱，升级为高配版的自己

美团创始人王兴说过，大部分的人为了逃避思考，愿意做任何事情。这就是在提醒大家，要警惕自动化重复的陷阱。因为有思考

的努力，才是真正的努力。而思考的方式，又决定了人生的不同。思考的方式取决于你的内心是正向的，还是负面的。

图 5-3 中的两张图就是要帮助大家看清正向思考和负面思考的循环过程，以及它们带来的不同结果。

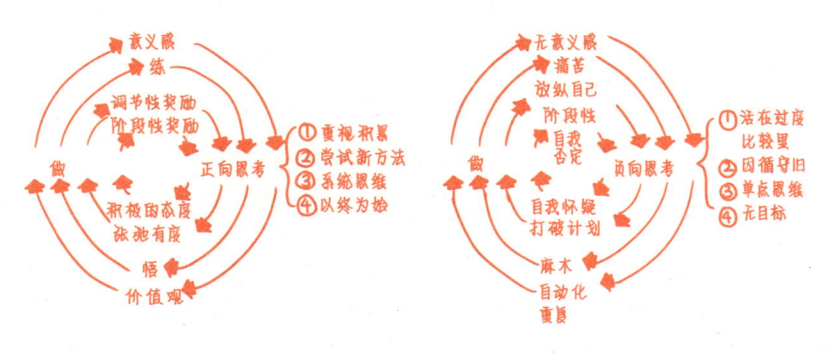

图 5-3　自动化阶梯图

正向思考的人总是能看到内心的光，负面思考的人看到的往往是心底的阴影。

正向思考的人，会重视积累，会不断地尝试新方法，会有系统思维，会坚持以终为始。他们懂得阶段性地奖励自己，再通过正向思考促使自己产生更积极的心态。带着更积极的心态去做事时，他们会懂得调节自己，给自己意外的奖励。他们会正向看待自我调节的意义，让自己做事情张弛有度，更有节奏感。他们把做好每一件事情，当作锻炼自己的机会。

他们总能看到硬币的正面，知道在竞争中成长才是最快的成长，从而感悟到更多，获得更好的方法。带着悟到的方法做事情，不仅做事效率更高了，往往也更能深刻地体会到做好每一件事情背后的意义感，每一点滴意义感的汇集，最后都催化出他们的价值观和使命感。

这就是做和正向思考之间形成的一个正向的循环回路——在做事的过程中,正向思考促使自己不断变得更加优秀。

负面思考的人往往活在过度比较当中,总是因循守旧,常常是单点思维,缺乏目标感。做事情的时候,他们常常阶段性自我否定,哪怕有进步,自己也看不到。负面思考之后,他们会产生自我怀疑。一旦有了自我怀疑,就会觉得自己做什么都不行,觉得全世界怎么就自己不好。带着这样的心态做事,很容易放纵自我。于是又进一步消极悲观,干脆连计划都懒得做了,让自己的效率变得更加低下。

没有计划性和节奏感地做事情,是不会得到进步和成长的,这会让人很痛苦。为了养家糊口,人们只能被迫接受这种痛苦。在这种心境下继续负面思考,他们会逐渐变得麻木,但是又无能为力,觉得生活只能如此了。麻木地做事,自然没有任何期待和向往可言,自然难以找到人生的意义感。长时间如此下去,就会彻底掉入自动化循环的陷阱。

可以看到,这是两种截然不同的人生。从心态修炼的角度来理解的话,前者就是正向思考催化出成长型思维的过程,后者则是负面思考催化出固定型思维的过程。

我希望这节内容能通过"看见的力量",真正推动大家摆脱自动化循环的陷阱,拥有高效能人生。

混沌大学创办人李善友在一期节目里说过,自动化的重复是毫无意义、毫无结果的积累。人与人之间,1万个小时的积累和1万个小时的积累还是有差异的。

那些厉害的人,1万个小时的积累是用心投入的,是有思考、有总结的积累,而有些人的1万个小时的积累,只是机械性地重复，对个人成长并没有任何帮助。

在投入到一份新工作中的时候，大家都很容易轻松完成和实现最初的 1000 小时积累。这个时候，大家都是通过基础的学习去获得成长。

但是，在 1000 小时积累之后，一些人一头扎进了自动化循环的陷阱中，在 1000 小时到 1 万小时这个阶段，他们并没有进步和成长。这样的 1 万小时积累，没有投入心力，没有思考，没有复盘，并不是真正的积累，只是机械性地无效重复。

真正有效的 1 万小时积累，是需要有正向思考力的，通过积极努力、复盘和迭代，让自己始终处于变得更加优秀的状态中。只有这样，我们才不会陷入低水平的重复，才不会一边自我感动，一边让自己更加焦虑。

这两种状态对应两种积累方式，循环链路截然不同，所以结果自然也不会一样。同样是 1 万个小时的积累，人与人的差距到底在哪里？就在于初心不同，你是积极的，还是消极的？你是正向的，还是负面的？好好想一想吧！愿我们每一位朋友，都能我心坚定，自有力量。

成长性思维

在成长的道路上，所有人都要做好心态建设，因为固定型思维和成长型思维决定了两种截然不同的人生。下面就从五个角度，分别看一看这两种思维的特点。

第一个角度是面对挑战时

有固定型思维的人,习惯于逃避挑战,不愿尝试创新,稍微遇到一点有挑战性的事情,常用的口头禅就是"我不行,做不好""太难了,等等再说吧"之类的。

有成长型思维的人,对世界充满好奇,总渴望去挑战,去突破。他们把每一次挑战都当作自己获得更多可能性的机会,有机会的时候,就勇敢去尝试,不断突破自己,所以他们总是能赢。

第二个角度是面对困难时

有固定型思维的人,遇到困难的时候,他们会觉得很麻烦,常常轻易退缩。他们不知道,每一次困难的克服,其实都包含着一个成长、飞跃的机会。

有成长型思维的人,总是迎难而上,坚持不懈,他们不会觉得困难是阻碍,反而会享受克服困难带来的乐趣。我身边那些优秀的朋友、同事,都是属于正视问题的乐观派。包括我自己在直播间里,从来都不害怕别人出的难题,还很喜欢去解决难题,甚至希望别人能给我出难题。因为解决难题是能带来爽感的。

第三个角度是面对努力时

有固定型思维的人,觉得努力根本没有用,甚至认为越努力越糟糕,会适得其反。因为大家都在讲"选择大于努力"。有固定型思维的人觉得,既然选择大于努力,那努力没有用,只要选对了就行。这其实是一个很大的误区。

有成长型思维的人,会尽量做对选择,但是不管做没做对选择,他们都会认真对待每一件事儿。他们把努力当作一种习惯,认为努力是通往优秀的桥梁。

第四个角度是面对批评时

有固定型思维的人，只要别人给自己提意见就会很反感，甚至会不假思索地否定别人给自己提出的意见，以至于无视批评中有益的负面反馈。他们否定得多了，就没人愿意给他们提意见了。他们没意识到，没人提意见其实是一件很恐怖的事情。因为身边能给出建议的人少了，他们就没法客观地看待自己的成长。

有成长型思维的人，则会积极地寻求反馈，哪怕别人给他们负面的批评，他们也会正面思考，从批评中能得到教训。他们不注重批评本身，而是看重批评背后的价值，从批评中学习。

第五个角度是面对他人的成功时

有固定型思维的人，认为他人的成功会给自己造成威胁，常常看不得别人的好，所以他们不愿意去分享，也不愿意去支持别人。

有成长型思维的人，能从他人的成功中学习经验，获得启发。他们会觉得，别人的成功对自己是好事，身边的人都成功了，自己也能成功。他们认识到，所有的成长都是共同成长，所有的成全都是互相成全。

在《反馈的力量》这本书中，记录了一项研究。通过对1200多名各行各业的人士进行综合考察，结果表明，成长型员工的整体表现往往优于其他同事。在整体绩效上，成长型的白领员工比其他同事高出16%，成长型的蓝领则要高出27%；在身体状况方面，成长型员工出现职业倦怠的情况比其他同事少25%；另外，成长型员工对企业的忠诚度比其他同事高出32%，工作满意度则要高出

46%。

不仅如此，成长型思维还是你获得领导力和影响力的前提。观察一下身边的那些领导者，你就会发现，领导者不仅拥抱挑战，还要自己创造挑战；不仅迎难而上，还要自己找困难的事情去做；不仅愿意自己努力，还愿意带动身边的人一起努力；不仅愿意接受批评，还会进行自我批评；不仅从他人的成功中学习，还会从自己的失败中学习。

领导力本质上是一种激发别人成长的能力。其实，打造个人IP也是一样的道理。一个人的思维模式，是决定一个人能否成功的至关重要的因素。在未来的道路上，每个人都是需要为自己负责的个体，没有任何组织和个人会为你负责一辈子，你唯有主动保持持续的自主进化和成长。我们可以从上面提到的五个角度，去综合评判自己是固定型思维还是成长型思维。

有成长型思维的人，已经赢在了思维起跑线上，他们比一般人更容易获得成功。如果你是固定型思维，那就试着去调整自己，让自己变得更加积极，培养成长型思维，只有转变思维，才能获得更大的成功。加油！

思维破限，寻找利益结合部

别给自己的思维设限，要去发现更大的可能性。面对所有的事情，都要建立框架思维。整体优化是大于局部优化的，所有的冲突和矛盾，都是在更高的框架上解决的。

通过图5-4中的四张图，你能知道怎样拥有多元化思维。

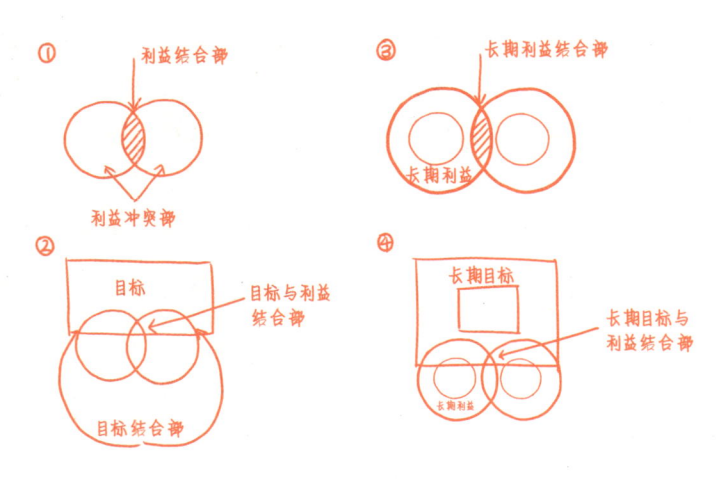

图 5-4 思维破限图

第一张图是，利益结合部。短期内，两个人或许没有共同的目标，但是有共同的短期利益，如果双方能从这个利益中找共识，那就意味着更多的可能性。

第二张图是，两个人都身处一个组织当中，往往是有共同目标的。双方可以在共同目标的共同利益区间里，也就是目标与利益结合部，找到最核心的一个杠杆点，很多事情都可以通过它去协调，最终找到解决问题和冲突的方法。

第三张图是，从长期来看共同目标。当两个人在短期内既没有利益结合部，又没有共同的目标时，就要把目光放长远，看看在各自的长期利益里面，会不会有交集。如果有，这也是合作共赢的机会。

为什么一些名校毕业生非要去大厂？因为大厂有名气，能锻炼人，还能给自己镀金！短期来看，收入可能低一些，但是后期跳槽的时候，会比较容易，也能得到更高的工资。

那大厂为什么要招收这些有可能留不住的人才呢？因为这会对组织的人才结构有积极的影响。从长期来看，组织的氛围是好的，有利于吸引更多的人才进来，而那些值得培养的员工，长远来看也能发挥更大的价值。

双方都是站在长期利益的角度去看待这件事情，所以即便短期内共同利益不那么匹配，也没有短期和长期目标的交集，但最终还是达成了共识。这就是目光长远带来的价值感。

第四张图看起来有些复杂，其实就是从长期视角去看待长期目标和利益的结合。

当年我们团队跟时寒冰老师初步建立合作的时候，我挖了出版他之前那本畅销书《次贷危机之后怎么办？》的策划编辑到我团队来，这个编辑也是我现在的好朋友。那个时候，我的这位好朋友占了团队的一个编制，但是一年之内没有出版一本书，短期内也就没法给团队和公司创造价值。

可以说，我跟时寒冰老师，在短期利益上没有任何交集，甚至为了与他建立合作，我们团队还损失了短期利益。那我是怎么考虑的呢？时寒冰老师愿意跟我们合作，他看重的肯定不是眼前这个项目，而是有一个更加长期的目标和规划。所以，我就把目标拆解开，抛开眼前的这本书，从长期的角度去合作项目，我们共同的长期目标都是希望把事情做好。我们其实是在长期利益的角度去合作，找的是长期目标和利益结合部。为了这个目标，我接受短期的亏损，其实就是基于长远的角度考虑的。

后来事实证明，我的这个决定是无比正确的，挖来的这名编辑，不仅把时寒冰老师的新书打造成了一本年度畅销财经书，还出版了冯仑等很多大咖老师的作品，给公司和团队带来了巨大的经济效益和品牌价值。

所以，你如果只是盯着眼前的东西，就会觉得盯着的是冲突和矛盾，看不到一个更大的可能性。一个人越往高处走，格局越高，越具有创造性，越可以解决更大、更麻烦的问题。

如果你只是用单点思维去看问题，其实很多问题你是没法解决的。在这里，我要跟大家分享三种有益的思维模式。

第一种思维模式是整体思维

你要注重整体，而不是只拘泥于个人的单点得失，要从整体利益出发，努力把控全局。你要考虑别人的利益，这就需要换位思考。你如果能从整体出发，又能看到别人的需求，找到双方的共同利益和目标，你看待事情的角度就多了，思维边界就拓宽了。

第二种思维模式是动态思维

世界的发展是一个动态的过程，你不仅要看到眼前，还要看到将来的趋势，只有用动态思维去看待世界和事物的发展，才能对自己做更有价值的投资。动态思维其实就是要看到长期利益，不要被短视制约了发展。只有跳出现有的框架，站在未来的维度上去看待一切，才不会做出局限性的决定。

第三种思维模式是领导思维

有时候，你会受限于自己所处的职位和拥有的资源，觉得很多事情都做不到。可是，如果你能站在领导者的角度上思考解决办法，你就会有不一样的想法。

你会进行深度思考，从相关性、长期性和整体角度上，站在高处更全面、更长远地看,这样就能看到更大的整体目标和长期利益。越往深里看,你就越有创造性的发现:眼前亏钱的事情,从长期看往往是挣钱的;眼前挣钱的事情,从长远的角度上看是亏钱的。你之所以给自己的思维设限,更多时候是因为你过于局限于眼前一城一池的得失。唯有胸怀天下,才能够看到更多、更深,才能够取得真正巨大和持久的成功。

助推成长的重要性

成长的空间,永远在舒适区外。所谓舒适区,指的是一个人在自己喜欢的环境中所表现的心理状态和习惯性的行为模式,人会在这种状态或模式中感到舒适。舒适区,又称为心理舒适区。它是一个基于人内心的东西,所以,无论干什么需从自己的内心出发。

跟舒适区相关的有一个三圈理论:在舒适区里,你运用的是那些你熟练掌握的知识和技能,用起来得心应手,心理上会觉得非常舒适;在学习区里,你可以学习新的知识和技能,你处在探索的过程中,能从学习中得到快乐;在恐慌区里,你暂时无法学到新知识和技能,由于对未知的东西充满恐惧,你不敢迈出探索的那一步。

从成长型思维的角度出发,一个人想要学习,就需要不断地对外探索,不能够停留在舒适区里。那么该如何走出舒适区呢?通常情况下,有四个步骤:

第一步是要积极行动。哪怕第一次行动失败了,也没有关系,继续坚持下去,即使不断失败,你也会收获很多。

第二步是适时地鼓励自己。在行动的过程中,可以给自己一些小小的奖励，这样你就更容易找到坚持下去的动力。

第三步是要懂得及时调整。在行动的过程中，你要根据实际情况和自己的适应能力，及时进行相应的动态调整。

第四步是要注重自我检查。一旦发现行动过程中出现了问题，就要及时修正。同样一个问题，如果出现了三次，那就说明你没有复盘总结，可实际上，复盘总结的过程就是一个不断学习的过程。

从内心的角度来说，想要走出舒适区，必然是要依靠自己的，这非常重要。但是，外部的助推作用，也是不能忽视的。

2017年诺贝尔经济学奖获得者理查德·塞勒曾经写过一本书，名字就叫《助推》。助推在生活当中还是蛮重要的，我们把它叫作闹钟效应。闹钟会让你有小小的不舒服，但是能够激励你去做正确的事情。我们每个人都有闹钟，比如，我每天早上7:00要去直播，所以从6:00开始，我一共定了四个闹钟。

那么，接下来，我重点从三个维度跟大家分享一下"助推"的重要性，如图5-5。

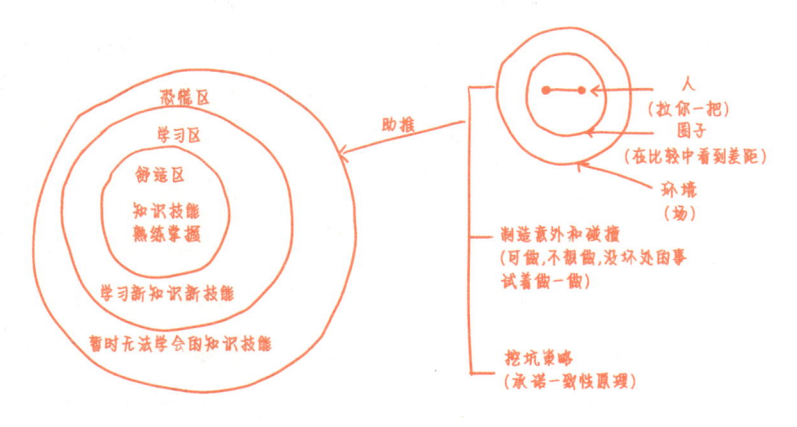

图5-5 助推探索图

第一个维度是，助推的条件，包括了人、圈子、环境这三个要素。

第一，从人的角度来说，就是有人去拉你一把。比如说，你想坚持跑步，你要跟一个很有经验的人一起去跑，他会指导你，给你一些很好的方法和建议，告诉你跑步的积极意义。他就是在不断地拉着你往前跑。

第二，从圈子的角度来说，好的圈子能让你越来越好。如果在一个好的圈子当中，你身边都是优秀的人，你不自觉地就会看到自己跟他们的差距。在比较的过程中，你会希望自己更好。所以说圈子对你也很重要。

第三，从环境的角度来说，环境会助推你。好的环境就是帮你创造一个场，让你变得更牛的一个场。

比如，我的社群、朋友圈、直播间，对我而言，都是很重要的场。在自己的场里，可以吸引更多与你志同道合的优秀的人，大家一起助推你，去做更重要、更好、更对的事情。

这就是助推的第一个维度，人、圈子、环境对你的助推作用。

第二个维度是，要学会去制造意外和碰撞。这个应该怎么理解？如果一个人只有三点一线的生活，他其实很难走出舒适区。要学会创造意外，作为支撑你向外探索的助推力。

那什么是意外情况呢？你试着做一些可以做，不想做，但是没有什么坏处的事情，它们往往会给你带来意想不到的惊喜。意外往往给你带来机会，而机会都是主动去创造的。你试着去做，其实可以给你带来新的学习机会。很多朋友总喜欢什么都拒绝，那就永远都在舒适圈里，很难跳出去。一个人的成长，是靠外部推力去打破的。从物理学的角度讲，就是要在外部加强压力，物体才能够产生新的变化。

第三个维度就是挖坑策略。这个挖坑策略，其实是心理上的一种暗示。最简单的策略，就是承诺一致性原理。你对外公开做出承诺，这样的事情你是更愿意去完成的。你立一个标杆，让更多的人知道，其实就是逼着自己做出承诺，一定要做成一件事情。你试着主动地给自己挖一个坑，答应了的事情你不好意思不做，人是有羞耻心的，你会不知不觉地为这些对外做出承诺的事情去努力。

我当年在磨铁图书的时候，开始是做老板的助手。3个月后，老板就派我去接手编辑中心，那年我才26岁，成了磨铁图书最年轻的编辑中心总经理。

年会的时候，老板当着所有人的面说，如果刘杰辉明年完成了业绩，就把他转正成总经理，如果没有完成，就去做编室主任。我知道老板是想让我公开做出承诺，我当时就站起来，当着公司所有的同事说，如果明年没有完成业绩，我就去做一个编辑。

你也许会觉得我很有个性，但当时我做出这样的承诺之后，我和我的团队瞬间获得了一种强大的能量。我们全力以赴地朝着目标迈进，结果后来以超额50%的业绩，达成了年度目标。

承诺一致性原理就是这么神奇，公开做出承诺，就这样给自己"挖坑"，你跪着也要把它填平。所以说，挖坑策略也是对自己的一种助推，让你能调动自己的潜能，创造更多的可能性。

一个人想要跳出舒适区，其实不仅要发自内心地去努力，还要认识到不要过度恐慌和焦虑，在舒适区和恐慌区之间的学习区，不断地探索。同时，你也要懂得运用助推的力量去帮助自己成长。因为一个人的成长不是孤立存在的，它是一个群体共同作用的结果。希望我们大家一起努力，去突破输出的障碍，成为更好的自己。

开启指数成长的思维模型

在个人成长中，有两种比较常见的思维：一种是线性思维；另一种是指数思维。这两种思维有什么区别呢？

线性思维，是指把个人认识停留在对事物的抽象上，而不是对事物本质的抽象上，并以这种抽象为出发点，片面、直线、直观、直接的思维方式。从某种意义上说，线性思维其实是一种静态思维。

指数思维有很多个点，每个点都有自主性，还可以分裂成更多个点，而且每个点之间都存在着某种联系。可以说，指数型思维是一种互动型思维，是动态变化和增长的。

在指数思维的世界中，有一个很显著的特征，就是在成长的起始阶段，速度会比较慢，个人势能比较弱，但是在某个节点之后，就会呈现快速的增长。这跟线性增长的特点是有很大差别的。

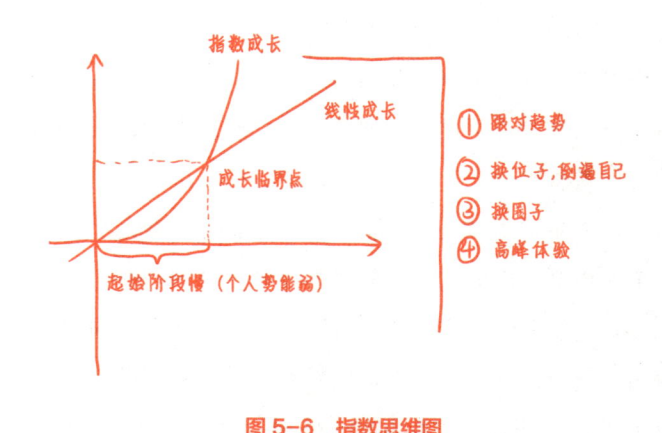

图 5-6 指数思维图

如图5-6，这是指数思维图，在起始阶段，你的能力提升和收入增长都是比较慢的，但是越到后面，增长就越快。有很多厉害的人，就像是从圈子里的某个角落突然蹦出来的一样，其实他们只是刚好达到了成长临界点，实现了快速的飞跃和突破。每个人都期待这样的指数型成长，那应该怎么去实现呢？

第一个要点是，跟对趋势

你要顺应趋势，才能得到势能。在指数级成长里，很重要的一点是你要让自己有势能。你的势能位置会推动你去到一个更好的空间，获得更快的成长。如果你只是靠提升能力，而不是靠势能，你是很难获得更多能量的。

所以，顺着趋势，跟着趋势成长，你会比很多人成长得快得多。这就像是你坐在一列高铁上，肯定会比骑自行车的人更快到达目的地，这就是势能给你带来的价值。

第二个要点是，换位子，倒逼自己

换位子就是你要争取更高的位子。你是一个编辑，能不能争取主编的位子？在不同的位子上，你的角色是不一样的。在更高的位子上，你能发挥更大的价值，有更好的成长空间。

比如，你要经营个人品牌，打造IP，你把自己放在传统的知识付费平台做课，和放在抖音、短视频及直播间去做课，虽然都是做知识付费，但是你的位置不一样，增长速度也会不一样。

第三个要点是，换圈子

在同一个赛道，圈子里的人不一样，他们给你的加速度就不一样。

我有一个做短视频的朋友，刚开始入行的时候，他的圈子是做那种很一般的号。先把文案写好，老师来了，一次拍100条短视频。在这个圈子里，大家都是拍同样的短视频，他是没法做出头的。那该怎么办？后来，他跳出了这个圈子，跟那些做顶流的IP短视频的圈子里的人"混"，这样，他实现了指数级的成长。

后来，他跟我一起合作、交流。从我和他的角度来讲，我们都是在换圈子。我现在要做知识付费的突破，就要跟年轻人学。如果我一直跟一帮同样的"80后"的人在一起研究，那传统知识付费的东西我可能永远也突破不了。他跟我一起接触到了主流的知识付费的圈子，他在做短视频的时候就知道有意识地去思考内容价值的本质。对我们来说，这都是一种长期价值，我们相信，换圈子会给我们带来指数级成长。

第四个要点是，高峰体验

什么是高峰体验？这是《思考，快与慢》的作者丹尼尔·卡尼曼在他的书里提出的峰终理论。他说，一个人对一件事情的感觉和真实体验是不一样的，感受值是由他体验的最高值和最终值加在一起除以二决定的。

比如，两个人在一起，对彼此的评价是由最后时刻对另一方的印象和过程中体验到的最高值决定的。也就是说，两个人能否相爱，关键并不在于相处的时间久不久，而是能否在相处的过程中不断创造高峰体验，也就是爱的火花。在工作中，你要有热情，要不断地创造高峰体验，才不会天天觉得很无聊。

我有一个朋友，他做短视频的热情很高，偶尔有一条爆掉了，有几十万的点赞量,他就有极大的快感。这种高峰体验会让人很上瘾,让你有机会创造心得体验,能获得比普通人更快的指数成长。

对我来说,如果一份工作让我没有高峰体验,我就觉得特别没意思。我工作最高光的时刻就是不断产生的高峰体验。《自控力》上市的时候,总榜排第一,《拆掉思维里的墙》成为超级畅销书,还有跟韩秀云老师合作的项目引爆市场的时候,都是高峰体验。它们给我留下了非常深刻的印象,让我愿意不断地去重复创造这种高峰体验。

有了这些高峰体验,你的势能会增长得很快。所以,一个人想要快速成长、成名,或者变得更牛,就需要了解指数型成长背后的奥秘。跟对趋势、换位子、换圈子,然后懂得去创造高峰体验,这就是我们追求指数成长的重要方式。

附录：人生进阶的职业框架模型

一、成长进阶：从新手到绝顶高手

我认为每个人进入职场之前，首先要考虑的，就是为自己的成长路径建立一个结构性的框架。

图1中横轴代表的是你在组织中的五种不同层次，以及不同层次的主要工作要求。纵轴代表的是个人能力的进阶，可以分为五个不同的段位。横轴和纵轴的层次和段位，一一对应，形成了个人成长的四个阶段。这四个阶段是循序渐进、环环相扣的。很多朋友的职业生涯遭遇瓶颈，往往是因为没能看清自己所处的职业阶段。

第一个阶段对应的是从新手到老手，也就是从新人到骨干；第二个阶段对应的是从老手到高手，也就是从骨干到主管；第三个阶段对应的是从高手到一流高手，也就是从主管到高管；第四个阶段对应的，是从一流高手到绝顶高手，也就是从高管到创始人或CEO。

第一个阶段，一般人要耗费三年时间，即使你绝顶聪明，也需要一到两年。在这个阶段，你的收入增长是比较慢的。因为你是通过个人去拿结果。在新人层次，你要了解工作中的明要求，也就是岗位要求上体现的基本工作职责和要求。所以在三个月内,你需要熟悉大部分的基础工作。如果做不到,组织一定不愿意白养你,因为它也需要你创造价值啊。

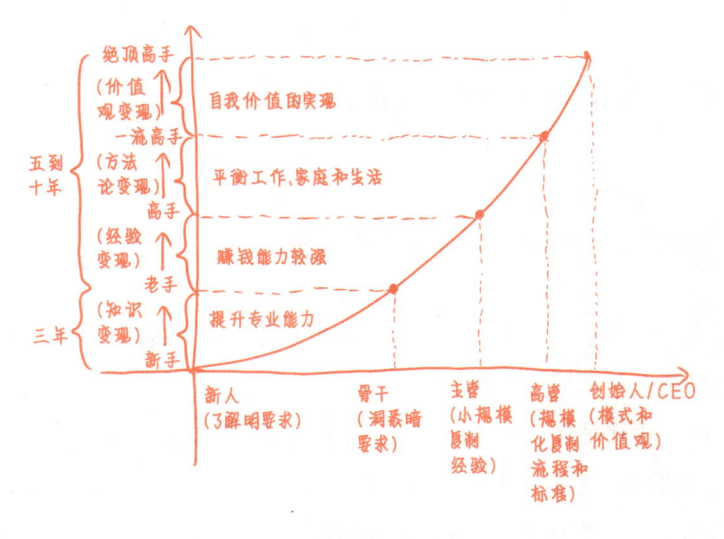

图1 成长进阶图

成为一个老手,你就是组织的骨干了,完成了专业能力的提升,此时你更需要了解工作中的暗要求。什么是暗要求?就是在工作中看起来不那么显著,实际上非常重要的一些要求。老人和新人的区别,就是同样一件事情的不同积累,是做1000遍、1万遍和做1遍、100遍的差异。简单地说,就是你要把一个手艺打磨到极致。

比如在内容策划方面,一个老手和一个新手同时策划一个书名,那毫厘之间的差距其实是很大的。

第二个阶段,你的薪酬会有大幅提升。因为你已经从通过个人拿结果跨越到通过他人拿结果,开始复制自己的经验了。成为一个高手，你就是组织的主管了，你从管理自己变成了管理别人，也可以追求赚更多的钱了。

第三个阶段，你完成了从赚钱到平衡工作、家庭和生活的转变。这个阶段，你的个人需求已经发生了变化，技能也大有提升，已经能做到大规模地复制流程和标准。

我们可以看到，老手只知道自己干，没法帮助别人；高手懂得把经验传授给别人，可是由于需要手把手地教，只能在一个组织里小规模地传播和复制来创造价值，这个价值对于一个大规模的组织来讲是有限的；一流高手的核心能力在于复制流程标准和方法论，这些东西可以记录下来，让更多的人看到，意味着你可以在更大的公司里发光发热。

第四个阶段，你实现了从大规模的复制流程和标准到复制商业模式和价值观的巨大转变。这个阶段其实就是实现个人需求的自我价值。像查理·芒格、沃伦·巴菲特、埃隆·里夫·马斯克这些顶级大佬，经常对外分享的都是他们的价值观。

不同层次的人，在个人能力进阶的过程中，可以对外输出与分享的层次也是在进阶的。在进阶过程中，你可以通过分享来变现，打造个人品牌，放大自己的价值。只是不同的段位，水准不一样。从新人到老手的过程中，你可以一边学一边复盘总结，一边分享知识，这就是知识变现。

从老手到高手的过程中，分享的是经验，叫作经验变现。从高手再到一流高手，分享的科学性更强，可适用性更强，更强调方法论，这就是方法论变现。看看稻盛和夫的作品《活法》和《干法》，查理·芒格的《穷查理宝典》，你会发现他们讲的东西更像心法，是常识和道，这就是价值观变现。

你了解了这张成长进阶图，就会在自己大脑里建立一个职业成长的框架，更能看清自己当下所处的阶段和位置。很多朋友依赖于外部世界对自己的评价，来决定自己是否要努力，该怎么努力。他们常常想的问题是领导怎么看待我，工作环境怎么样，身边的同事对自己是什么态度，等等。这就是活在别人的眼里，忽视了自我评价。

当然，在你头脑中没有框架的时候，想依赖自我评价去决定该不该努力，如何努力，也可能是徒劳的。因为，你没有自我评价的标准，很容易陷入不断低水平循环的困境，即使在战术层面取得了一个个成功，也始终难以走上一条方向明确的进阶之路。

这节内容让你了解了职业成长的几个层次，建立了职业发展的基本框架和对自己的客观评价标准，你就知道自己所处的职业阶段，知道应该在不同的阶段去做什么，你对自己的职业规划才能更客观、更准确。

我想要分享给大家的，并不是万能钥匙，而是底层的逻辑。从一个更长的职业周期来看，人们往往会高估自己在一年之内取得的成就，而低估自己十年坚持一件事情所能创造的可能性。

无论你在什么职业阶段，只要掌握了这张成长进阶图，在变与不变之间，把握住相对恒定的东西，你就能更好地保持各种平衡，摆脱不必要的迷茫和痛苦。所以，一开始就给自己确定的发展框架，是高效投资自己的重要方式。

二、向上生长：与领导相处的诀窍

向上管理是很重要的一种能力，是很多朋友备受困扰的难题。

主动去"用好"领导,学习会更加高效,能力会更快提升。提高投入产出比,这是高效投资自己的核心问题。

那么,你从领导身上到底能得到什么?

领导是你的指南针,给你方向;领导是你的百宝箱,给你提供各种各样的资源支持;领导是你的偷师对象,告诉你职场中的各种经验。

如果你没有建立这三点认知,就看不到领导的真正价值。不能"用好"领导这三点,你所有对自己的投资都是舍近求远。

那怎么做好向上管理呢?

图2中标示得很清楚,向上管理有两个重要的维度:第一个维度是横轴,代表事情难易程度;第二个维度是纵轴,代表信息的透明程度。

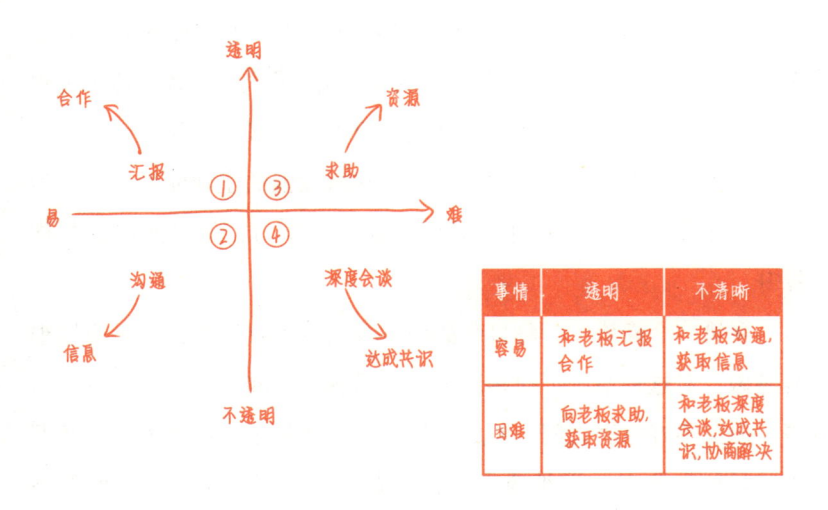

事情	透明	不清晰
容易	和老板汇报合作	和老板沟通,获取信息
困难	向老板求助,获取资源	和老板深度会谈,达成共识,协商解决

图2 向上管理图

这两根轴，分割组成了四个模块。在第一个模块中，你接收到的信息很清晰、很透明，事情做起来又很容易，很多人觉得那自己干就得了呗，只管自己对这个事情的理解清不清晰，不管领导对这件事情、对你的行动是不是了解，所以就忽略了汇报。

实际上，主动汇报就是主动反馈，是提高个人效能至关重要的事。如果不能保持合理汇报工作的节奏，你跟领导之间的信息交流就会出现断层，矛盾自然就会随之出现，这很不利于你们之间的合作。

所以，要勤汇报，主动汇报，去对称信息。每周、每月、每季度、每年都在固定的时间主动向领导汇报，不要觉得领导不让我汇报就不汇报，要把这种被动汇报变成主动汇报。

在 2021 年，我给所有的朋友推荐了一本书，叫《反馈的力量》。其中一个作者是全球排名第一的管理咨询公司的 CEO，她在书里面提到，提升下属 70% 业绩的最好办法，不是任何高深或复杂的管理措施，而是让下属主动汇报。当然了，领导者在这个过程中要做的就是不要给出负面的评判，只给出积极的发展性建议。对领导来说，让下属主动汇报工作，是在激发他的主观能动性。作为下属，主动汇报工作，让领导看到你的自驱力，他自然愿意帮你提升。

在第二个模块中，你接收的信息和指令不够清晰，但是事情很容易做。对这种情况，很多朋友是不是感觉很痛苦？领导没有讲清楚，但又不好意思去问，然后稀里糊涂就去做了，结果做得离题万里，只能一次又一次地重做。你浪费了很多时间、精力，效率不高，领导不认可，你是不是会很烦恼？

其实，解决问题的办法很简单，就是跟领导沟通，跟领导对称信息。不是你不会干，是你干偏了、干错了，才给自己带来痛苦。

在第三个模块中，你接收的信息非常清晰，可是事情比较难做。怎么办？向领导求助啊，跟领导要资源。很多朋友，明明可以把领导用起来，找领导要资源，可是因为不好意思求助，做起事来事倍功半。

主动求助领导，把领导用起来，会给领导存在感和成就感，领导怎么会吝啬于教你怎么做呢？请记住，在工作中，你跟领导追求的目标是一致的。你的目标是领导目标的一部分。你占用领导的时间和资源越多，你就越容易得到提拔和成长。

在第四个模块中，你接收的信息很不清晰，事情又比较难做。怎么办？约个时间跟领导做深度会谈。所谓深度会谈，指的是1小时以上的深度交流，目的是达成共识。在深度交流的过程中加深理解。对称信息，能够让领导更客观地了解你的能力状态和发展潜力。有了共识，目标明确，就不会有来回返工的困扰，效率自然有所提升。这就是我常说的，有了共识，才有共赢。

要相信，领导都是愿意分享的，有些还有好为人师的心理，你抱着真诚的心态，虚心向领导请教一些问题，领导是很愿意与你沟通的。

当然，我不主张大家三天两头地找领导聊上一两个小时，要注重效率，把问题梳理清楚，做好功课，这是对领导的一种尊重，也是创造深度交流的一个方式。同时，要注意选择好场合，找准合适的时机。

汇报工作是为了达成更好的合作，求助是为了争取资源，沟通是为了对称信息，深度会谈是为了达成共识。把这张图搞懂了，了解完这四个重要的模块，那么90%以上与领导沟通的问题都能解决。

行有不得,反求诸己。与领导的关系出现问题时,先从自己身上找原因。领导也没法做到十全十美,要学会看到领导的优点。欣赏他人是一种能力,发掘领导的优点是你最重要的功课之一。因为我们的工作,很重要的一个目标是让领导的想法更正确,而不是证明他在某件事上有多愚蠢。

用科学的方法在职场中去学习,去晋升,本质上就是你在你的领导面前打造自己的个人品牌,主动学习和成长,这样你的能力提升才会更快。

三、沟通策略:从事到情的思维进化

一个人的成长过程中,一定离不开跟人打交道,投资自己也是如此。我一直认为,与人链接效率越高,成长效率就越高。图3就是告诉你职业世界中的五个追求层次,以及处理内部沟通问题的方法。

职场中,能够追求的无非是这五样东西:一是能力,二是权力,三是钱,四是名,五是干得爽。所谓干得爽,其实是感受和体验,是情绪上的表现。有些人很有钱,很出名,可他不一定感觉干得爽。

这张图里的五样东西,有一个由下至上的顺序。先提升能力,再有权力,再赚钱,再要名,再要干得爽。聪明的人、厉害的人一定是由下往上,一步步来追求成长的。

你会发现,越靠近下层,越靠近能力,这就是对应着"事",越靠近上层,越是靠近情绪上的感受,这就是"情"。事情,事情,有事有情。所以,你要理解的是,遇到任何问题你都要学会看到事和情的两个面,而情又包括你自己的感受和他人的感受。只有这样,你才能如庖丁解牛一般,拿你所有的,换你想要的。

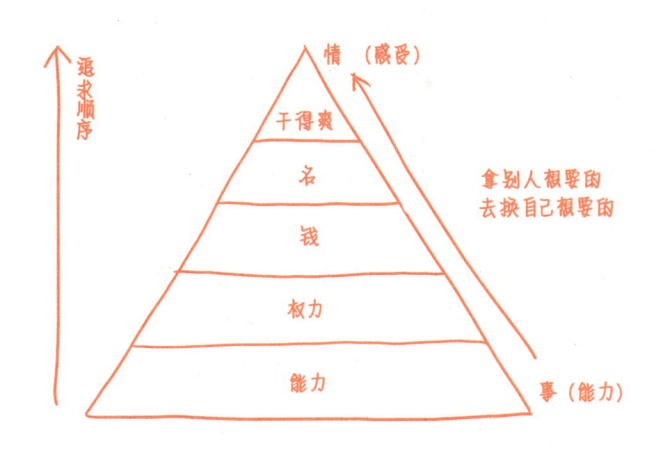

金字塔图(从上到下):干得爽、名、钱、权力、能力
左侧箭头:追求顺序
右侧标注:情(感受)、拿到人想要的去换自己想要的、事(能力)

图3 职业追求层次与内部沟通图

理解了其中的逻辑,顺序对了,投资自己的方向就更清晰了。但在实际工作中,我发现很多朋友追求的顺序是错的。刚刚参加工作,就想要干得爽,想要名气,想要升职加薪,却没想过自己的能力水平如何。这就本末倒置了。

其实,这五种追求,与前面讲过的成长进阶图也是相互对应的。如果背离个人所处的阶段,那在工作中自然很难提升。

具体到与同事的相处,如果发生冲突,也无非涉及这五样东西。在职场中,所有的工作其实都是利益交换。给别人想要的,才能得到自己想要的。

参照这张图去复盘,你会发现,无论多么难以相处的同事,产生矛盾的原因无外乎你不清楚对方的需求是这五样东西中的哪一种，因为你没有这个框架，所以你给不出别人想要的东西。你给了别人想要的，拿到自己想要的，完成这种交换，其实沟通就没那么难了。

比如说，你的领导想要员工多赚钱，你需要提升能力，那你就多给领导干活，多做出业绩，他赚到了钱，自然给你更多的机会去历练，给你提升的机会。所以说，没有什么冲突是化解不了的，没有什么问题是解决不了的。只要能给出别人想要的价值，你就能得到自己想要的利益。

这张图还有一个很显著的特点——从事到情，它是一个向上的发展过程。两者相互融合，不可能一分为二。但是很多朋友会觉得，工作，只要我把事做好就行。你忽略了很重要的一点，那就是别人的感受。或者你太在意自己的感受，忽略了事和他人的感受，这就会产生妄念和执念。一个人职业化的标志，很大程度上是能把自己的感受往后放，把事和他人情感的需求放在前面。这样才能更好地走上职场进阶的打怪升级之路。这也是化解各种工作冲突，找到第三选择的有效路径。

做对的事，再把事情做对。不是说做对的事就可以了，也不是说把事情做对就行。做对的事是前提，要在做对的事的基础上，把事情做对。那什么是把事情做对？就是把事做好的同时，让别人感觉舒服，其实就是对"人情"的关注。

我姐姐是公务员，在机关单位工作，因为我讲话语速很快，她经常跟我讲，要学会把一句话分成三句话讲，不要着急。这样做是顾及别人，是尊重别人的需求和感受。学会留出空间，让人能够在情感上，去消化、理解，这样做起事情来，能让别人更舒服，也更容易接受。

事情，事情，有事有情。做对的事，同时把事情做对，这是我们所追求的。当然，如果在处理事和情的过程中，产生了鱼与熊掌不可兼得的冲突，那你还是应该以事为先，再兼顾人情。做了你能做的，那就心下坦然，一切交给时间，千万不要过分纠结，不要去背别人的因果。高效投资好你自己，才是你职业生涯里最重要的命题。

我始终认为，人一切的痛苦，都源于对关系的认知偏差。人际关系的背后，是需求与价值的交换。只要你懂得拿别人想要的，去换自己想要的，其实大部分的沟通问题，都会很好地得到解决。

四、能力结构：不可或缺的T型能力

在我们身边，有很多人去买各种听书卡、各种会员卡，花了大量的时间做碎片化学习。看起来他们什么都懂一点，但是依然改变不了自己的人生。为什么？因为他们学的东西太散了，知识不够深入。

还有一些人眼睛里只有自己的一亩三分地，很固定化地去积累。两耳不闻窗外事，看似很专注地做一件事情，可是他们一成不变。科技的进步，互联网的发展，给行业带来很多变化，他们都不去关注，不去学习，所以无法进阶，结果变成了落后者。

上面说的这两类人，都是很痛苦的。他们看似在学习，但能力并没有提升。从他们身上，恰恰可以看到能力结构（见图4）的重要性。

要相信一个观点，未来的人才一定是T型人才。横向要有广阔的视野，对重要学科的重要理论，要有相应的了解。纵向要有核心技能，对某一门学科非常精通，要专一门，深一门。

在横向的部分，查理·芒格提出过一个重要的观点：不是什么都去学，而是理解重要学科的重要理论，了解基本理论是至关重要的。

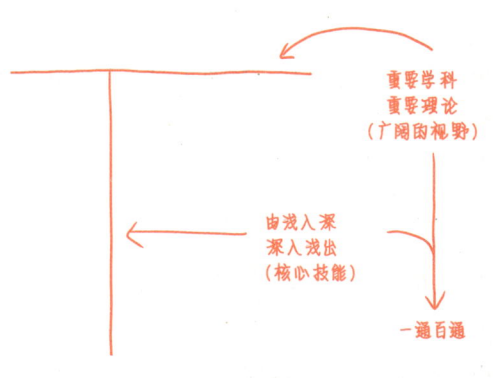

图4 能力结构图

比如，语文的文学体裁、修辞手法、表达方式、诗词格律，数学的函数曲线、正态分布、幂律法则，英语的语法、结构、句型、时态，物理学的牛顿定律、能量守恒定律，哲学的辩证法、价值观、认识论和逻辑学，这些重要学科的重要理论，都是需要掌握的。

在投资自己的时候，这些知识并不需要深度学习，只要拥有识别最核心的、基本的底层理论的能力就行。对一些跨学科的知识，能够运用到自己的专业领域里就是达成了学习目标。

只有了解了这些基本概念，你在思考这个世界的时候，才能拥有多元视角和各种各样的思维模型，进而才能用不同的框架去看待世界。

更具体的学习方法，我会用到三七法则。也就是30%的时间用来拓宽视野，70%的时间用在专业领域、核心学科。

你想成为行业内的翘楚，在专业领域做到深入浅出、一通百通，就需要找到自己最擅长、最核心的能力，然后在这个核心学科领域里面去深入学习。在工作中，这是你的安身立命之本，学得越深就越有敬畏心。

横向积累与纵深学习相结合，越是深入学习，你了解的模型越多，越会发现很多学科之间是有相通之处的，这就叫一通百通。

我有一个做投资的朋友，尤丹老师，她前两天找我，让我帮她打造个人IP，给她做整个IP内容链路的策划。她是个投资人，也是个创业者，从她的短视频到直播，到图书、课程，以及各种变现的产品，我都给她做了整体的规划，还跟她讲了一些利益分配的原则。

讲完之后，她跟我说："刘总，其实你也是做投资啊，你做的是内容维度的投资。"一个资深的内容策划人，做到我这种程度，真的发现所有学科的背后都是可以做内容投资的。

很多年前，我的老板跟我说过一句话："三百六十行，起点不一样，终点是一样的。"一开始你要掌握不同的专业技能，接着你要学项目管理，然后你要考虑绩效管理、战略战术，到最后，你需要思考资本市场融资。到了最高级的这个层次，其实所有的行业都是相通的。

所以，在一些顶级大佬眼中，一切都是商业，都是底层的投资逻辑。

有一个深入学习的心法，叫作在战斗中成长就是最好的成长。在学习的过程中，你要懂得去复盘，要一边学，一边练，一边悟。在学中练，在练中学；在学中悟，在悟中学；在练中悟，在悟中练。

我强调70%的时间用在专业领域的深入上，实际是在要求，你在三七法则里找三七，也就是在专业领域，把70%的时间和精力用在"练"和"悟"上，追求深入，30%的时间和精力去做学习上的投资。但是，千万不要一味地死记硬背。保持这种投入比例和结构，你的投入产出比才能实现最大化。

问自己一个问题，你每年花费在学习上的投资，有70%是投入在专业上吗？还是所有的学习经费投给了泛学习？

五、职业状态：别被达克效应蒙住眼

大家一定都有这样的意识，职业生涯不会总是一帆风顺，在成长过程中难免会有波动和调整。图5所展现的，就是我帮大家总结出的四种职业状态：愚昧之峰、失重之崖、绝望之谷、开悟之坡。

在职业发展的过程中，每个人都会有自己的高峰体验，区别在于，享受这种体验的时间有长有短。很多人可能觉得自己没有达到过职业高峰，可实际上，在你取得任何一个小成就，完成任何一个小目标的时候，你都会有高峰体验。只不过，相对成功人士而言，你的体验时长稍微短了一些而已。

人处于高峰时，心态很容易发生变化，往往觉得一切都很好，被短暂的成功麻木了神经。这时候，一定要记住一句话："祸兮，福之所倚；福兮，祸之所伏。"

人在享受高峰体验时，往往最容易出现第一种状态——愚昧之峰。

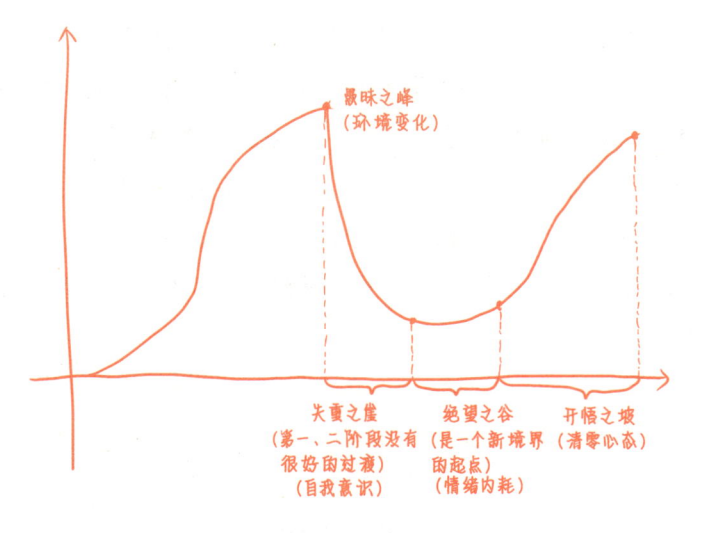

图中标注:
- 愚昧之峰（环境变化）
- 失重之崖（第一、二阶段没有很好的过渡）（自我意识）
- 绝望之谷（是一个新境界的起点）（情绪内耗）
- 开悟之坡（清零心态）

图 5　职业状态图

曾国藩曾做过一副对联："战战兢兢，即生时不忘地狱；坦坦荡荡，虽逆境亦畅天怀。"

二十年前的中国企业家教父——海尔的张瑞敏，有句话是"永远战战兢兢，永远如履薄冰"。这是他的经典语录之一。

你会发现，那些位高权重的人，更会警醒自己要避免愚昧之峰。因为那些跌下神坛的大佬犯的错，往往都是常识性的错。

你一旦忽视了愚昧之峰，就很快会进入第二种状态——失重之崖。在愚昧之峰，你忽视了很多东西，失去了谨慎的心态，就会突然间跌落下来，有一种失重之感。

所以说，在成长过程中，一定要保持对未来的好奇心，不断地提升自己，持续地努力学习，这样才能避免过度自信，减少失重的机会。

当你从高峰跌落，体验到失重的感觉之后，就进入了第三种状态——绝望之谷。很多人从高峰跌落之后，其实是爬不起来的。也有很多人需要在绝望之谷里待上相当长的时间，等到特定的机缘到来，特别是靠外部力量拉自己一把，才能逐步走出来。

比起那些能一眼望到头的人生，经历过绝望而又能爬起来的人生其实更有力量。在心理学上有个词叫"黑色生命力"，讲的就是这类朋友身上蕴含的能量。只要你能从绝望中走出来，就会有更多的可能性。

在绝望之谷里，你不放弃自己，就会产生黑色生命力。在以后的人生道路上，无论遇到什么样的难题，都能以更强的抗挫力去应对。

当你真的从绝望之谷爬出来，就会进入第四种状态——开悟之坡。到了这个阶段，你的人生和职业都会迎来大的发展，向另一个高峰前进。

从这个角度来说，在绝望之谷的时候，其实是在积蓄能量。能量积累得越多，你在下一阶段能够取得的成就就越大。我特别想跟所有正处在失重状态或者在绝望之谷里徘徊的朋友说一句话："比起天花板就在头顶、一眼能望到头的人生，经历绝望恰恰说明你的人生注定非凡。"就如一句古话："天将降大任于是人也，必先苦其心志，劳其筋骨，饿其体肤。"更何况，比起刚刚走出校园，一脸懵懂的稚嫩时期，这个时候，如果你的阅历和经验使用得当，就是财富。一旦爬坡，你登上的高度，理应是比刚出道时高得多。

我们一定要认清这四种职业状态，客观看待自己的职业生涯。人生是一个不断爬坡的过程，你爬到一座山的顶峰之后，一定需要下一个坡，才能够爬上一个更高的峰。

在我创业的这段时间，其实也经历过失重之崖。毕竟之前的工作顺风顺水，加上我没有创业的经历，所以遇到挫折的时候，我就感觉从高峰瞬间跌落下来。

后来我不断地总结，才逐渐意识到，之所以从高峰跌落下来，其实是因为我的认知赶不上自己的野心。我还有很多东西要学，要不断投资自己，提升自己的认知。

有人曾经做过这样一组实验，第一次是把手放到冰桶里面，60秒钟之后拿出来。同样的条件之下，进行第二次实验。这次是在60秒钟之后往冰桶里加入温水，再过30秒钟才把手拿出来。两次实验，哪一次更让人痛苦？大部分人给出的答案都是第一次。这是为什么？因为你的感受跟现实的体验产生了偏差。你的认知没有跟上，导致你快速跌落下来。

那在愚昧之峰上，应该怎么避免快速跌落的情况？

六、第二曲线状态：管理复制能力的进阶

如何避免快速跌入失重之崖？图6是能力进阶图，也叫第二曲线图。在本章的第一节里讲了成长进阶图，其中已经涉及能力发展的要求。从新人到骨干，从骨干到主管，从主管到高管，从高管到创始人或CEO，每个阶段要求的核心能力是不一样的。

从一个新人到骨干的过程中，你在通过个人拿结果的时候，就应该试着学习做管理，通过他人拿结果。

如果你的业绩已经达到了全公司第一，不可能再增长了，那就会面临个人发展势能的平台期，甚至业绩的下降。这个时候你再去学习，再往管理者转型，就已经偏晚了。因为这个时候，即便你走上管理岗，也会有一种强烈不适所带来的失重感觉。

图6　能力进阶图

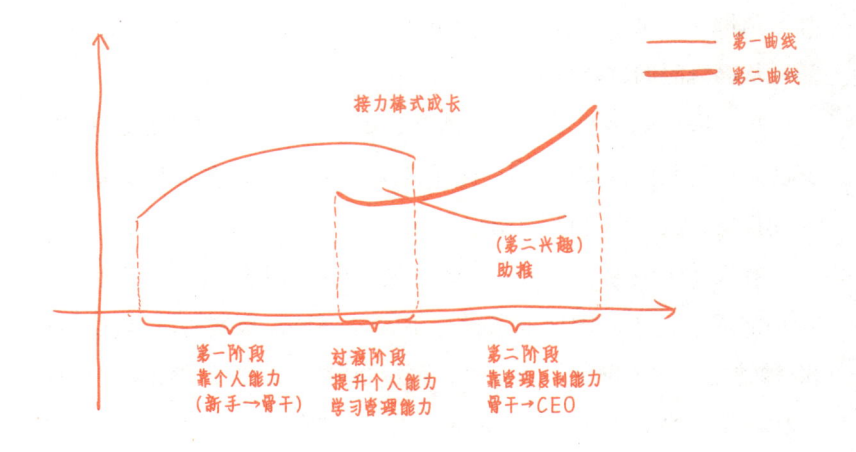

你的业绩在下降，管理能力又不行，你需要清零学习，过去靠个人拿业绩的惯性，又会使你放不开手脚。做管理，你本来应该下放权力，但是方法不到位，你就会在靠个人和靠团队之间产生摇摆，你就会对自己产生疑问。我业务做不好，又不适合做管理，是不是该离开了？实际上，在成为管理者之前，你在通过个人拿结果做到七八成的时候，就应该去提升管理能力。

你有了基本的管理思维和能力，走上管理岗位才能摆脱靠自己的惯性。如果想等做了管理者再去学管理，那显然太晚了。这就是我强调第二曲线重要的原因所在。做好本职工作的同时，一项技能练到七八分火候的时候，你就需要磨砺第二项能力去解放自己。这一点，无论你在什么岗位上，都是一样的。

无论组织进阶，还是个人成长，都是预则立，不预则废。能力进阶要有预见性，今天得到的结果，是在有预测、有远见的基础上的结果。

杰夫·贝索斯有一句很经典的名言："我从来不关注当下的业绩，因为这是我三年之前成就的结果，我现在更关心的是如何做，才能让三年之后的财报更漂亮。"

你会发现，人一定要有长期视角，而不是短期视角。不管是在组织能力的提升上，个人 IP 的打造上，还是在核心能力的积累上，都需要有预见性。

人们往往会高估自己一年之内取得的成就，而低估自己十年坚持一件事情所能够创造的可能性。你只是活在当下，就会太高估自己的能力，低估自己的潜力。所以，千万不要短视。

以长期视角去审视自己，最重要的就是要有第二曲线意识。那些伟大的公司都会做技术储备，华为在做 5G，前期做得很慢，但同时也在提前为 6G 做准备。

中国在研制飞机的过程中，也在遵循"生产一代、研发一代、储备一代"的宗旨。目的是保持长期发展的势头，使飞机技术始终处于市场优势地位。中国科技研发的这种底层思维方式，可以叫作接力棒思维，一直在做远期储备。这样，科学技术不会出现断层，能尽力避免失重的感觉。

跟我们合作的山河智能的创始人何清华何老师，70 多岁的高龄，创立的是一家资产上百亿元的工程机械企业，挖掘机是他的核心产品。我和他聊到元宇宙，他居然也能侃侃而谈。他一点都不像我想象中的那样传统，对新技术的关注，对未来的思考，比我想象的深多了。

个人能力的发展也是这样的，一定要摆脱单点思维的陷阱，要点、线、面、体，全方位地看待自己的发展，要从一个长生命周期的角度去看待自己的发展，要看到时间的价值。

在做组织骨干的时候，就要学习管理，一边做好经验复制，一边思考流程、标准与方法论；成为高管的时候，就要思考公司的价值观和商业模式。等到真的坐上你想要的位置时，就能顺利接手，在职业生涯中更进一步。

通过第二曲线的不断成长，你会得到时间的复利。在核心能力的提升上，在自我价值的投资上，你就不会有失重的感觉，减少了面对失重之崖的痛苦。

我一直认为，鱼与熊掌可以兼得，一切只是时间问题。你为自己的成长不断投资，具备"生产一代、研发一代、储备一代"的意识，有不断打造第二曲线的想法和态度，你的个人能力就会不断跃升，你就会在职场中不断进步，成为不可替代的人。

七、登梯策略：从量变到质变的成长轨迹

人的成长不可能走直线，也不是一条持续向上的曲线，成长的过程中难免会遇到一些平台期。在"上升—调整—上升"的过程中，最终实现从量变到质变的飞跃。

整体而言，人生的成长，其实跟爬梯子很像。在爬梯子的过程中，需要你不断地坚持，努力向上；爬上一个台阶之后，你要去调整，为下一次攀爬做好准备。图7是人生破圈图。

很多人成长受限，就是因为没能坚持到自己可以成功的那一刻。想要人生破圈，就要不断向上爬，你需要找到事情的价值，这样你会更有动力去坚持。

成功比的不是流血和牺牲，而是忍耐和煎熬。这句话是美团创始人王兴说的，对他来说，决定一场战争胜利的从来不是战术上的

胜利。谁能熬到最后，谁才是胜利者。创业和人生亦是如此。

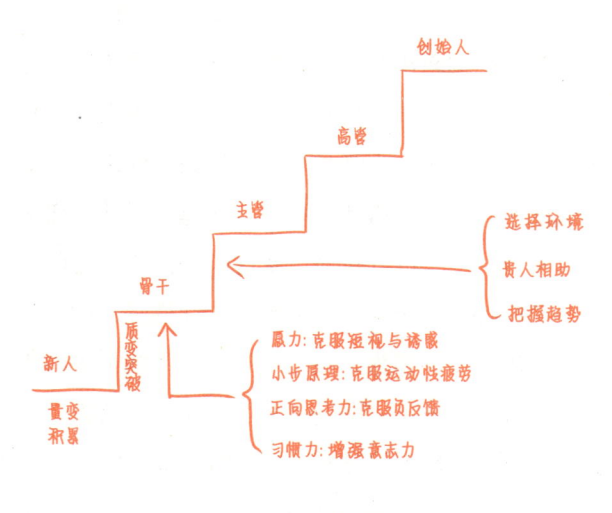

图7 人生破圈图

人生就像一个战场，每个人都要不断战斗。在忍耐和煎熬中，逐渐实现从量变到质变。

无论面对怎样的困境，你都要学会创造自己切实能感知到的正反馈，主动去奖励自己，从而感受自己每天的进步。跟自己比，聚焦于今天是不是比昨天更好，而不是跟别人比，让别人牵着你的鼻子走。

我特别喜欢一句话："你要学会在枯燥无味的生活中发现生活的意义感。"我觉得这样的人往往更容易穿越时间的周期，能够实现一种在积累的过程中爬梯子的感觉。

你要学会向外探索，遇到困境的时候，你只需要向前走、往上爬。很多学员报名我的课程，其实就是在爬梯子，通过与各个行业的人接触，通过一些大咖的指引，他们就能找到攀爬的方向和方法。

在我的成长经历中,也是因为有贵人指路,才取得今天这样的成绩。我大学学的是编辑出版专业,可是从内心来说,一开始我并不想做出版行业。大三那年,我和同学一起去参加书展,打算把书商参展后带去的样书收了,去学校倒卖。结果,我跟一个老板谈了一笔一百块钱的生意。他觉得我挺机灵,于是给了我一张名片,告诉我想去北京实习的话,可以找他。就这样,我到了北京。

人生是一个爬梯子的过程,而不是一个线性提升的过程。有时候,你要学会突破自己的惯性,走出舒适区,那些你平时不大想做的事情,可以试着去做一下,也许会发现更多的可能性。

回过头来看,我爬梯子的过程也许能给你带来启发。

我的第一个梯子是北京这个环境。北京是文化中心,全国所有的出版社基本在北京都有分部,所有的影视传媒公司和省级卫视在北京都有据点,大部分的文化名人都在北京,再加上这里有最好的高校教育资源,内容行业的发展环境非常棒。在这样的地方,你可以接收到的信息链是最优质的,这是我职业生涯至关重要的选择。

我的第二个梯子是我做了磨铁图书集团创始人之一——沈浩波的助理。磨铁图书是当时国内最大的出版公司之一,跟着老板,我学到了更多专业的知识,拓宽了眼界,正可谓一年顶三年,完全顶得上读一个一对一的内容行业的顶流商学院。而且,仅仅三个月后,我就成为编辑中心的总经理。

我的第三个梯子是市场趋势。当我还在磨铁图书做第二编辑中心总经理的时候,中国本土企业家商业智慧开始被发掘。磨铁图书想在财经板块发力,于是我抓住了这个趋势,主动提出要打造"黑天鹅"财经品牌。

于是，我有机会跟国内甚至世界顶级的企业家打交道，像李开复、曹德旺、唐骏、罗振宇、古典等。我汲取了他们的智慧，提升了个人的认知。

如今，我为超级IP赋能，打造超级个体，也是顺应了个体崛起的这个趋势。

面对新的环境、新的人、新的趋势，你在爬梯子的时候，肯定会有不适应的感觉。这个时候，要有清零心态，向别人学习。你要把自己当成学生，放低姿态，否则经验不可能是财富，反而是包袱。现在我身边有很多"95后""98后"的朋友，我们把彼此当成梯子，在创业的路上不断探索。因为内容行业，一代人有一代人的情怀，一代人有一代人的话语体系，一代人有一代人的知识偶像。作为一个从业二十年的内容策划人，想要保持事业不败，想要在事业上成为常青的超级IP策划人，最重要的梯子是向年轻人学习。

跟年轻人在一起，我觉得自己心态年轻了，思想充实了，青春期延长了，生命的宽度和厚度增加了。对我来说，这才是最重要的。

你一定要知道对你来说什么是最重要的，在爬梯子的过程中才能坚持不懈，才能实现人生不断破圈。

八、把握趋势：做第一批"吃螃蟹"的人

俗话说，要做第一个吃螃蟹的人。很多人觉得，新事物刚刚出现时，只有做第一批赶集的人，才算是把握住了趋势。实际上，并非如此。

图8是趋势把握图。第一个吃螃蟹的人，拥有敢于探索和求变

的勇气，能够对未来趋势做出相对准确的预判，并且最先享受了新鲜事物的红利，但是如果他无法坚持下来，也未必能笑到最后。因为每个趋势都有回调期，经受不住这种震荡的话，很可能就会错失良好的趋势。

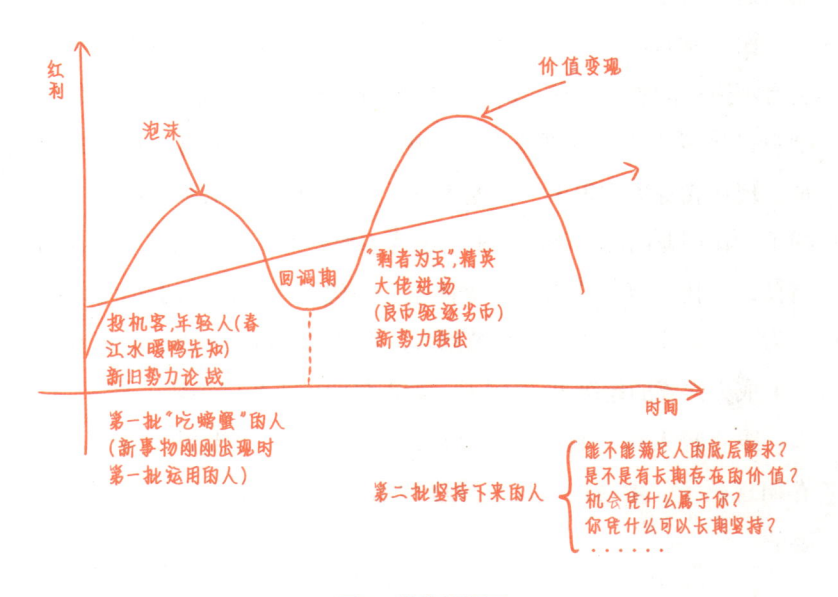

图 8　趋势把握图

拿我的亲身经历来举例。我是做战略出身的，眼光看得比较远。在短视频平台刚刚兴起的时候，我就看到了其中的机会。我带领团队一个月做了几个矩阵号，粉丝数量达到了 300 多万。可是在很长一段时间里，一直都没有变现的机会。这时，有人产生了质疑，觉得短视频确实热闹，可是不好挣钱。它是叫好不叫座的，于是我们放弃了。回想起来，当时如果能再坚持半年，熬过回调期，那么就可以实现账号变现了。

现在，我们重新开始从短视频、直播、书、课，全链路去打造 IP。如果当初我们更加坚定一点，对机会的把握可能就会更好一些。

很多新技术、新事物刚出现的时候，大部分人是有敏感度的，但是也很难抵抗人性贪婪且短视的弱点，火了一波之后，就会陷入短暂的回调期，在这个阶段，谁能坚持下来，谁就能迎来下一波的快速发展。

十几年前，《鬼吹灯》把原创网站带得很火，很多网站收获了一波热度。起点中文网就此奠定了江湖老大的地位。当时，起点中文网隶属于盛大文学，而不是隶属于如今的阅文集团。几经波折之后，阅文集团上市，起点中文网又回到公众眼中，获得了新一波的热度。

其他大部分的原创网站，由于没能熬过回调期，要么被吃掉，要么只能消失在市场中。与之相对的，掌阅 App 却抓住一个机会和风口，在回调期杀了出来，最终也成功上市。

这说明，即便在回调期，也有突破的机会。在第一波热度过去之后，能继续坚持下来的第二批人，或许能比第一批人取得更大的成就。因为第一批吃螃蟹的人是在摸索和发现机会，而第二批人可以总结前者的经验，避免无谓踩坑。他们看到了一件事情的长期价值，产生了定见。这个风口看上去没有刚开始的时候那么热，但是看到的人更理性、更能抓住重点、更有坚持意愿的话，就会取得更大的突破。

何清华老师经常讲到一个观点，没有定力的努力都是无效努力，没有努力的聪明都是自作聪明。我很喜欢听他分享自己工作和生活中的心得，他让我对趋势有了更深刻的了解。

在追求和把握趋势的过程中，要透过表象去看它的底层价值，以免被虚假繁荣的泡沫蒙住眼睛。

　　在投入一项工作或事业之前，你要问自己几个问题：它是不是能满足人的底层需求？它是不是有长期存在的价值？这个长期价值由什么决定？它是不是有独特的优势？它有没有更好的替代品？这个机会凭什么属于你？

　　找到这几个问题的答案，再去判断眼前的这个趋势是不是值得你去把握，如此一来，十有八九你不会掉进假趋势的陷阱。

　　如今，像章丘铁锅、蜡染布艺等很多传统手艺，重新回到人们的视线并受到追捧。因为在机械化大批量生产的大环境下，有些人需要满足个性化的需求。在这个层面上，传统手艺具有不可替代性。于是，一大批的手工艺匠人，通过这个趋势体现了个人价值。这就是趋势给他们带来的红利。

　　这章内容里的 8 张图，形成了人生进阶的职业框架。无论未来你是要打造个人的 IP，还是从事自己喜欢的职业，你都需要建立起这个基础的框架。

　　这就像你去看待这个大千世界，你头脑中如果没有宇宙观，如果没有一个宇宙的框架，就会觉得世界很大，人很渺小，自己很无知。当你在地球上仰望星空时，会觉得所有东西都让你很迷惑。当你头脑中有了宇宙的框架，再去看这个世界的时候，你就心中有数。即便看到未知的东西，你也不会觉得迷惑，你知道，它不过是你整个认知地图里某一点的缺失，早晚有一天可以补上。

后记：初心常在，未来可期

如今，一个人离开大的平台公司的时间加快了，大的平台公司越来越成为年轻人的职业练兵场。一个人的职业生涯不再等于你"混迹"职场的时间，公司只是你职业生涯的中转站。绝大多数人在35岁之后，如果没有在一个公司里做到合伙人、中高层或者骨干，都会面临着让自己成为个体户或者灵活用工大军一员的状况。

如今，我们的人均寿命更长了，人的自我意识也越来越强，所以你的职业生命周期在拉长，不再是60岁退休，可能是65岁退休。即便是到了快退休的年纪，你也更希望自己能实现自我价值，让自己发光发亮。

如今，公司的平均寿命只有2年左右，变化和不确定性成了不变的确定性。你选择加入一家公司的标准不应该只是福利待遇好不好，工作稳不稳定，抑或公司有没有长期发展空间，因为除了你自己，没有任何人能为你的职业生涯负责。公司既然不再是你的铁饭碗，你只有选择当下对你的自我提升最有益的公司，跟对当下最能助推你成长的人。

这一切的一切，意味着每个人要规划自己，个人定位变得越来越重要。

值得高兴的是，我们迎来了一个真正的个体崛起的时代，一个媒介掌握在个体手里的真正的大众传媒时代。

过去二三十年互联网的发展伴随着一条暗线，那就是为个体赋能的媒介平台如雨后春笋般成长起来，让每个人有了自己的发声窗口。今天的媒体之所以是真正的大众媒体，是因为媒体掌握在个人手里，KOL（意见领袖）都是个人推举出来的。不管是短视频、直播、社群、朋友圈，还是公众号、微博、微信、豆瓣、知乎，以及喜马拉雅、蜻蜓这样的音频平台，都是在为个体赋能，每个人都可以驾驭，都可以拥有自己的粉丝。只要你愿意让自己闪耀，你的个人能量，可以成百上千倍地放大，这也意味着人和人的差距，不再是一和二的差距，而是十倍、百倍、千倍、万倍的差距。这个差距不是因为人本身的差异拉开的，而是你是否愿意拥抱和使用工具造成的。接下来人工智能进一步的普及，还会进一步拉开这种差距，让越来越多的超级个体成为现实中无法撼动的大山。

如果你不甘于平庸，请相信一句话：你不一定能成为一颗恒星，也不一定能成为一颗巨星，但是你可以让自己成为一个或大或小的发光体。

过去互联网发展的二三十年，你也许会觉得满地都是机会。只要先干，抓住了风口，不需要你多专业，只需要你胆子够肥，钱就能来。这样的时代一去不复返，今天我们一样需要关注和拥抱趋势，但是趋势之下的机会属于长期的专业主义者。个体崛起的时代,最重要的是什么？是专业力。你不需要为了关系而去搞关系,因为专业力就是链接力。

在我看来,你把一件事情做到极致,能够解决一个问题,你就能得到别人的尊重,你就能够利用各种媒介和工具极致地放大你的影响力,把你的能量十倍、百倍、千倍、万倍地放大。

用0和1的关系来说,专业力就是你的铁饭碗,是你个人价值提升从0到1的事。分享力是银饭碗,是从1到10的事。个人品牌力是金饭碗,可以让你的价值从10到100到1000,甚至上万倍地放大。所以,不要想着去追着机会跑,不要成为一个机会主义者。守住专业力这个"1",再通过分享力和品牌力不断给自己的价值加"0",成为一个拥抱未来的专业主义者、长期主义者才是正途。

这一切的一切,越来越充分地说明探索个人的定位是如此重要。忠于内心,勇于探索,找到自己的人生使命,这就是生命始终如"一"的力量。经营自己的自媒体、打造IP、出书,拥抱趋势……一切都始于这个"一",这是个人定位的底层逻辑。

探索个人定位是一种做减法的思维,是通过做少来做多,即通过排除不相关或不必要的因素,来缩小问题的范围和筛选出最重要的信息,把更多的精力聚焦在你最值得做的事上。在时间的累积下,量变可以产生质变,不战可以屈人之兵。

探索个人定位是让你清楚自己前进的方向,不论慢或快,让自己每一步都接近目标,而不是快了之后,发现自己绕了一圈,又回到了原点。

探索个人定位是让你做事的时候自带势能。人生很多时候,不像心电图,忽高忽低。定位对的时候,你会发现你做什么都是顺的,你的成长道路上是好事一件接着一件,而不是坏事一件接着一件。当你做起事来特别吃力，怎么尝试都不对劲的时候，不妨停下来梳理梳理自己的定位。很多事情，往往要么是不适合你做，要么就是还不到时候去做。

这本书我分为五个维度，从个人定位的原则与逻辑到定位与优势探索的方法，从动态平衡的赢家策略、个人品牌与内容输出中的定位方法，再到超级个体进化的方法论，把每个个体自主成长进阶过程中至关重要的问题进行了梳理。最后，我还把一个人在职业发展过程中应该知道的八个基本职业思维，匹配框架模型图，以附录的方式进行了解读，希望对大家有所帮助。

定位可以帮助你成为你想成为的人，我希望通过这本书能够影响到更多的朋友，帮助更多的朋友发现自己，探索自己。如果这本书能与你相遇，我希望它能消除你内心的卡点，做更好的自己。

一转眼已到了不惑之年，少年梦未尽，不觉已沧桑。从一个打架逃课、离家出走的倔强男孩，到重新读书考大学，进入内容出版行业，一干就是20年。

从我入行的第一天开始，就有人说这是个夕阳行业，因为好像每天都有新的东西在替代它。同样也有人说这是一个最有朝气的行业，因为这意味着你的工作每天都在学习，没有重复，你可以遇见各种有趣的灵魂，做到足够优秀，你可以跟全世界最聪明的大脑链接。然而，任何一块硬币都有正反两面，怎么看，取决于你的视角、你的定位、你的愿力。

40岁之前，我一路横冲直撞，叛逆不羁。虽然偶或有"花开春色分南北"的感叹，但骨子里的倔强让自己在头破血流时，也仍然撑天撑地撑众生。总结下来就八个字："想证明自己，不服输"。那一幅幅过往的画面浮现在脑海，这么多年来我一直很喜欢赵传的老歌——《一颗滚石》，它常在我的耳际悄然回响——

  ……
  那名叫岁月的苦茶不好喝
  依然吞下它
  记不得我怎样踏出了老家
  跟现实这小子打一架
  厄夜的梦满身伤痕和泥沙
  可是我发誓没有忘了它
  那心中的话
  我就是一颗滚石啊
  谁不屑也随它
  什么样的路都不怕
  永远做一颗滚石吧
  不想为谁停下
  翻山越岭后往回看
  二十五年哪
  这一路太多的分岔
  有时候甜也有时候辣
  划破石头留的伤疤不好看
  但我谢谢它
  ……

40岁之后，人应该有所变化，我觉得自己也应该换一种活法。我开始更多地追问自己的内心，我觉得生活应该另有所想。我希望往后的日子里，自己做的每一件事都尽可能遵从本心，自己经营的公司也应该是在成全自己想要做的事，悦己悦人，达己达人，以期不负相随、相伴、相信自己的朋友。

我希望能与伙伴们一起遇有趣之人，聊有意思的天，用生命影响生命，成就一件件有价值的事。往后余生，我希望自己的职业身份是真正的"灵魂捕手"，我希望有趣的灵魂能够被更多人看见，让更多的灵魂知世故不麻木，不失力量有温度。虽是"再无岁月可回头"，但我依然希望留下些什么，当作对过往的一次梳理，对未来的一次展望，也给更年轻的年轻人留下点参考，于是便有了这本书。所以，请允许我的一个小私心，谨以此书献给40岁如我的自己，也愿每一位朋友都能初心常在，未来可期，生命温柔且有力量。

刘 sir

2023 年 5 月 7 日